Bog 1

i serien

TAL OG ALGEBRA

med historisk tilgang

TAL OG ALGEBRA
med historisk tilgang

Bog 1

Elementer fra tallenes og algebraens historie

Gunnar Bomann

© 2013 Gunnar Bomann

Illustrationer: Bogens tegninger er udført af Gunnar Bomann.
Øvrigt billedmateriale er hentet på internettet, hovedsageligt fra Wikipedia. Såfremt andre mener, at deres ophavsret er blevet krænket, bedes de henvende sig til Gunnar Bomann via forlaget.

Forlag: Books on Demand GmbH, København, Danmark

Tryk: Books on Demand GmbH, Norderstedt, Tyskland

ISBN 978-87-7145-364-5

FORORD

Det græske ord *mathema* betyder *videnskab*. Så oprindeligt – eller rettere med grækernes indtog som et førende kulturfolk for godt 2500 år siden – var matematikken selve videnskaben. Senere er videnskaben som bekendt blevet delt op i mangfoldige grene; men matematikken er stadig et forbillede og finder anvendelse inden for flere og flere fag og områder.

Det er en næsten selvmodsigende kendsgerning, at netop da matematikken blev den første videnskab og på en måde lukkede sig inde i sig selv, begyndte den en udvikling, som for alvor gjorde den praktisk anvendelig. Grunden til denne matematikkens særlige rolle skal utvivlsomt søges i, at matematikken er opbygget ved hjælp af logisk[1] ræsonneren ud fra begreber, som er generelle i den forstand, at forskellige tolkninger er mulige.

Naturligvis kan – og skal – matematikundervisning foregå på mange niveauer, afpasset efter den lærende. Men det forhindrer ikke, at enhver ærlig indføring i matematikken nødvendigvis må lade ræsonneren, sproglig præcisering af benyttede begreber og vendinger, osv. indgå som væsentlige bestanddele – en formidling baseret alene på udenadslære ville dels forråde matematikkens væsen og dels umuliggøre, at man på egen hånd ville kunne anvende den til noget som helst.

At dette også er den danske lovgivningsmagts opfattelse, fremgår med stor tydelighed, først og fremmest af det lovkompleks, som har med alle i vort samfund at gøre, nemlig den til enhver tid gældende *folkeskolelov* og dennes

---

[1] Det græske ord *logos* har mange betydninger; blandt disse er *ord, tanke, lov, fornuft, tal* og *kvotient*.

følgetekster for de forskellige fag. Heri står – før man møder de rent faglige termer – en mængde for det pågældende fag centrale *nøglebegreber* (min betegnelse). Disse giver en karakteristik af (skole)faget, beskriver fagets væsen. Lad mig for (skole)faget matematiks vedkommende ganske kort og i flæng fremhæve nogle af disse nøglebegreber og -vendinger, som stort set ikke er ændret gennem de sidste mange år:

> Erkende matematikkens rolle i kulturel og samfundsmæssig sammenhæng. Dialogens afgørende rolle. Viden, indsigt og kunnen. Erkende, formulere, afgrænse og løse matematiske problemer. Afkode, tolke, analysere og vurdere matematiske modeller. Eksperimentere, formulere hypoteser samt følge, udtænke og gennemføre ræsonnementer; begrunde, bevise. Danne, forstå og anvende repræsentationer af matematiske objekter, begreber, situationer og problemer. Forstå og benytte variabler og symboler. Oversætte mellem dagligsprog og matematisk symbolsprog. Undersøge, systematisere, ræsonnere og generalisere. Læse faglige tekster og kommunikere om fagets emner. Arbejde individuelt og sammen med andre. Fremme kreativitet. Opleve, at matematikken ikke er et isoleret fag; veksle mellem praktiske og teoretiske overvejelser. Tallenes historiske udvikling inddrages.

Heldigvis er matematik – som det fremgår af ovenstående – blevet et fag, hvor sprog, kommunikation, dialog osv. spiller en central rolle. Specielt vil jeg fremhæve, at den lærende igen og igen bør spørge: *"Hvorfor…?"* Ganske vist kan man ikke få noget endeligt svar på sine spørgsmål; men det er vigtigt, at den lærende på ethvert trin i sin tilegnelse ofte spørger *hvorfor* og gennem dialog med læreren (og sig selv og andre) får passende svar. Og det er vigtigt for læreren at undervise på en sådan måde, at eleverne ofte spørger *hvorfor* og kan få passende "foreløbige" svar.

Indsigt og forståelse er nemlig relative og foreløbige begreber. Man kan måske ind imellem tro, at man har fuld indsigt i eller forståelse af et matematisk emne. Men så dukker der nye spørgsmål eller facetter op, eller man ser det hele ud fra en ny synsvinkel, eller i nye sammenhænge, eller der røres ved, hvor sikkert grundlaget for matematikken egentlig er, … – og så må man søge at etablere en ny (relativ og foreløbig) forståelse.

Med en bog er det desværre umuligt at føre en dialog. Forfatteren svarer så at sige uden at kende læserens spørgsmål eller faglige niveau. Det, som forfatteren skriver et sted, kan derfor ingenlunde altid forventes at besvare læserens spørgsmål – men sådan er vilkårene. Læseren må hele tiden læse med en mængde ufærdige tanker rumlende i baghovedet, forhåbentlig få svar på nogle af sine ubesvarede spørgsmål længere fremme i bogen, ofte bladre tilbage og læse noget allerede læst med fornyet indsigt, snakke med andre, kigge i andre bøger, osv.

Jeg tror, at det for at tilegne sig en hensigtsmæssig og tillidsfuld holdning til matematikken er vigtigt at *inddrage passende elementer fra matematikkens historie (kulturhistorie)* [hvilket er i overensstemmelse med ovenstående liste af nøglebegreber]. Dels fordi man på den måde får øjnene op for, at matematikken er menneskeskabt og udviklet i nær kontakt med forhåndenværende behov, men først og fremmest fordi en historisk tilgang rummer mangfoldige pædagogiske perspektiver. Dette sidste skal jeg straks uddybe.

Lad os vende os mod det af matematikkens – og skolematematikkens – hovedområder, som de tre bøger i serien TAL OG ALGEBRA – med historisk tilgang handler om: *Tal og algebra*. Det fremmedartede ord *algebra* stammer fra en arabisk bog fra ca. år 825 [jf. Afsnit 51 i Bog 1]; og hvad der gemmer sig bag det, har skiftet gennem tiderne. Gennem århundreder manglede algebraen (som også tidligere kulturfolk beskæftigede sig med, blot naturligvis uden at anvende dette navn) en hensigtsmæssig notation, den måtte dyrkes som såkaldt *retorisk algebra* [jf. Afsnittene 23 og 66 i Bog 1 samt eksempelvis Afsnit 1 i Bog 2] og betjene sig af geometrisk baserede begrundelser. Først med den såkaldte *symbolske algebras* [jf. Afsnittene 64 og 66 i Bog 1 samt "resten af bøgerne", eksempelvis Afsnit 1 i Bog 2] fremkomst omkring år 1600 påbegyndtes den udvikling, som har gjort algebraen til et i sig selv hvilende uhyre effektivt hjælpemiddel. Det er tankevækkende, at algebraen – i modsætning til geometrien – var så længe om at blive voksen.

Med dette in mente er det ikke så forbavsende, at det stadig falder vanskeligt for langt de fleste at tilegne sig en hensigtsmæssig, nutidig indsigt i algebraen (dvs. i den symbolske algebra) – selv for de klogeste hoveder tog det jo århundreder at afdække algebraens væsen. Den pædagogiske konsekvens heraf må være, at der ved indføring i algebraen bør fokuseres meget på den fundamentale forskel mellem retorisk og symbolsk algebra, og på at formidle indsigt i den symbolske algebras væsen.

Elementer fra tallenes og algebraens lange og snørklede vej er emnet for Bog 1: *Elementer fra tallenes og algebraens historie*. Hvor jeg skønner det hensigtsmæssigt, gør jeg dog ind imellem forholdsvis kort rede for, hvorledes en nutidig behandling af det betragtede emne kan udformes. Sådanne kommentarer vil muligvis først være af interesse for dig i forbindelse med læsning af Bog 2: *Tal og algebra*, hvor der gives en omhyggelig nutidig indføring i tal og algebra.

Som allerede nævnt tror jeg imidlertid, at det er vigtigt for forståelsen af – og påskønnelsen af – den nutidige algebra at se den i kontrast til tidligere tiders. Ud over henvisninger til Bog 1 inddrager jeg derfor stadig eksempler hentet fra historien for bedre at kunne belyse forskelle mellem retorisk og symbolsk algebra, samt de mange fordele ved nutidens algebraiske arbejds- og erkendelsesformer. I Bog 2 forsøger jeg med andre ord at belyse tallenes og algebraens væsen, og for mig at se er det helt centrale i den forbindelse at fokusere på *hensigtsmæssige omskrivninger*.

I Bog 2 bygger helt og holdent på læserens intuitive talopfattelse; eksempelvis gøres der altså intet for at præcisere, hvad et reelt tal "egentlig er for noget". En nærmere diskussion af den slags er henlagt til Bog 3: *Talområder, deres historie og konstruktion*. Her belyses, hvorledes det er muligt på en matematisk tilfredsstillende måde dels at indfange nogle af *de naturlige tals* fundamentale egenskaber, og dels på den baggrund at forklare om (med et fint ord *konstruere*) *de hele tal*, *de rationale tal*, *de reelle tal* og *de komplekse tal* samt de såkaldte *kvaternioner* og *Cayley-tal*.

Det var et i matematikerkredse efterhånden udbredt ønske om – ja, faktisk uomgængelige krav om – at de forskellige typer af tal og deres egenskaber blev beskrevet på en måde, som var matematikken værdig. For hvordan i alverden kunne man bevise "dybsindige" sætninger om fx reelle tal uden at vide, hvad et reelt tal er? Dette ønske/krav, samt erkendelsen af, at det kunne være hensigtsmæssigt at studere "tallignende strukturer" [jf. Kapitlerne H, J, K og M i Bog 2], var drivkræften bag fremkomsten af den såkaldte *moderne* eller *abstrakte algebra*. I denne studeres på aksiomatisk grundlag fundamentale generelle strukturer som *gruppe*, *ring*, *integritetsområde*, *ordnet integritetsområde*, *legeme*, *ordnet legeme*, *vektorrum*, osv. Den slags videregående algebra er imidlertid *ikke* emnet for denne bogserie.

Som det fremgår af det allerede sagte, står det mig klart, at det er umuligt at ramme et for alle læsere passende niveau i bogens forskellige afsnit. Men det er mit håb, at en læser ved at arbejde med alle tre bøger vil have mulighed for at erkende, at matematik kan – og nødvendigvis må – behandles på forskellige niveauer. – Med Euklids ord til kong Ptolemaios (ifølge legenden): *Der er ingen kongevej til matematikken* (mening: Matematik *er* svært!). På ethvert niveau mener jeg dog, at det er muligt både at befordre en studerendes tilegnelse af matematikken og at være tro mod matematikkens væsen ved i sin formidling at lægge vægt på "den sunde fornuft".

Ved udarbejdelsen af bøgerne har jeg haft en læser i tankerne, som ønsker en omhyggelig indføring i tal og algebra. Bl.a. håber jeg, at bøgerne vil finde anvendelse ved uddannelsen af lærere til folkeskolen og andre uddannelser, hvor forståelse og indsigt er fuldt så vigtig som færdighed og rutine – samt ved efteruddannelsen af folkeskolelærere og andre.

Til slut en varm tak til min ven og kollega gennem mange år på Danmarks Lærerhøjskole, professor Allan C. Malmberg, for grundig gennemlæsning og opmuntrende kommentarer.

Gunnar Bomann

Espergærde 2013

INDHOLDSFORTEGNELSE

FORORD 5
A INDLEDNING 14
    1 Matematik og civilisation 14
    2 Tal og sprog 16
    3 Dengang små tal var tilstrækkelige 17
    4 Dengang systematiske talnavne dukkede frem 18
    5 Lidt mere historie 19
    6 Skriftsprog 20
    7 Om opbygningen af Bog 1 21
B ÆGYPTERNE 24
    8 Lidt historie 24
    9 Talnotation 25
    10 Regning 27
    11 Stambrøker 30
    12 Indsigt, herunder brug af hjælpetal 33
    13 Komplettering 34
    14 Regula falsi 36
    15 Tal og geometri 36
    Opgaver til 1B ÆGYPTERNE 38
C BABYLONIERNE 41
    16 Lidt historie 41
    17 Et positionssystem 42
    18 Regning 43
    19 Mere avanceret matematik 47

Bog 1 Elementer fra tallenes og algebraens historie   INDHOLDSFORTEGNELSE

    20 Et eksempel 50

    21 Hvorfor løse andengradsligninger? 52

    22 Plimpton 322 53

    23 Retorisk algebra 55

    Opgaver til 1C BABYLONIERNE 56

D INDERNE 59

    24 Lidt historie 59

    25 Store tal 60

    26 Regnebræt og talnotation 62

    27 Titalsystemet 64

    28 Almindelige beregninger 65

    29 Mere avancerede beregninger 67

    30 Spredning af de indiske metoder 69

    Opgaver til 1D INDERNE 72

E KINESERNE 75

    31 Lidt historie 75

    32 Stavaritmetik 76

    33 Ni kapitler om den matematiske kunst 79

    34 Et par eksempler 80

    35 Brøker og decimalbrøker 83

    36 Den kinesiske restsætning 84

    37 Kulmination og stagnation 85

    Opgaver til 1E KINESERNE 87

F GRÆKERNE 90

    38 Lidt historie 90

    39 Matematik som videnskab 91

    40 Talnotation 92

Bog 1 Elementer fra tallenes og algebraens historie   INDHOLDSFORTEGNELSE

    41 Forskellige talopfattelser 94

    42 Alt er tal – og dog! 98

    43 Et lille sidespring 104

    44 Euklids *Elementer* 105

    45 Diophant 108

    46 Et par eksempler fra Diophants *Arithmetica* 110

    Opgaver til 1F GRÆKERNE 114

G ARABERNE 122

    47 Lidt historie 122

    48 Talnotation 123

    49 Al-Khwarizmi 124

    50 Al-Khwarizmis regning 126

    51 Al-Khwarizmis *al-jabr* 128

    52 Andengradsligninger hos al-Khwarizmi 130

    53 Sammenligning med græsk matematik 130

    54 Al-Khwarizmis arabiske arvtagere 133

    Opgaver til 1G ARABERNE 135

H EUROPÆERNE 140

    55 Frem til år 1000 140

    56 Abakister og algorister 142

    57 Fibonaccis *Liber abaci* 144

    58 Jordanus' *De numeris datis* 144

    59 Først omkring år 1500 skete der noget igen 148

    60 Den svære division 150

    61 Regula de tri og regula de duo 154

    62 Matematikkens stilling i 1500-, 1600- og 1700-tallet 156

    63 Cardanos *Ars magna* 158

64 Optakt til den symbolske algebra 161

65 Den symbolske algebra begynder 162

66 Fordele ved at anvende parametre 166

67 Negative tal 167

68 Viètes symbolik 169

69 Descartes tanker i La methode 170

70 Status for algebraen 171

Opgaver til 1H EUROPÆERNE 173

Litteraturliste 181

Symbolliste 183

Stikordsregister 184

A INDLEDNING

1 Matematik og civilisation

Matematikken – og først og fremmest tallene – indtager, selv om det kun sjældent fremgår af historiebøgerne, en helt central plads i menneskets historie. Allerede ved opbygning og administration af oldtidens bysamfund var benyttelse af tal og geometri et uundværligt hjælpemiddel. Og siden Thales og Pythagoras m.fl., dvs. gennem de sidste ca. 2500 år, har vor civilisation mere eller mindre været præget af den grundholdning, at verden er sådan indrettet, at den – eller i hvert fald en væsentlig del af den – lader sig beskrive ved hjælp af matematikken, specielt tallene.

Men hvad er da tal? Eksisterer de uafhængigt af menneskene? Eller er de objekter, som menneskene har skabt med henblik på at beskrive visse af tilværelsens aspekter? Eller er de måske bare en – i tidens løb mere og mere specialiseret – del af sproget? Hvorfor, hvordan og hvornår kom de ind i menneskets liv? Tjente de udelukkende praktiske formål? Begyndte de på et tidspunkt – hvorfor, hvornår og hvordan – at leve et selvstændigt liv, dvs. blev de frigjort fra tingene, de praktiske formål [behøvede de med andre ord ikke at være *benævnte*]? Gjorde man de samme erfaringer/opdagelser om tal uafhængigt forskellige steder på jorden? Eller spredte nyheder sig?

De fleste af disse spørgsmål er umulige at besvare. En rent matematisk definition af, hvad et tal er, er dels svær at give, og dels aldeles ufyldestgørende. Tallene er vokset frem sammen med menneskene, og kun nogle få af talbegrebets mangfoldige facetter kan fanges ind af matematiske definitioner. Og svarene på mange af de øvrige spørgsmål fortaber sig i de forhistoriske tåger. Man er nødt til at gætte, og gættene bliver mere og mere usikre, jo længere tilbage i tiden man går. Alligevel er det nok en god idé at dvæle ved sådanne gætterier/fortolkninger. For måske kan dette være med til at skærpe vor opmærksomhed om nogle af de talrige hurdler, hver ny generation må passere for at kunne nå frem til en hensigtsmæssig talopfattelse.

Hvad kan man eksempelvis slutte ud fra en ca. 30000 år gammel ulveknogle, fundet i Mähren i det sydlige Tjekkiet [jf. Figur 1]? I knoglen er skåret en mængde næsten lige lange ridser, ordnet i grupper på fem; og skår nummer femogtyve er dobbelt så langt som de øvrige [hvorefter der følger endnu 30 ridser, begyndende med en lang ridse].

Figur 1

Det synes naturligt at gætte på, at den, der har skåret ridserne – lad os kalde personen "P" – har villet holde en slags regnskab med et eller andet. Og i så fald har P uafviseligt været i stand til at abstrahere noget talmæssigt fra det pågældende emne – og i det ligger faktisk en stor intellektuel præstation. Så snart man er begyndt at holde regnskab med et eller andet, har man udført en idéassociation og er i gang med at danne et talbegreb – har påbegyndt den omtalte frigørelse af tallene. Og noget i den retning må vor fjerne ven P vel have gjort. Den slags har menneskene utvivlsomt gjort meget, meget tidligt – nok så at sige før de blev mennesker. For også visse dyrearter synes at have en vis fornemmelse for talstørrelser.

Ud over en flygtig fastholden ved hjælp af eksempelvis fingrene har menneskene holdt regnskab ved brug af bunker af småsten[2] eller muslingeskaller, eller ved at skære[3] ridser i en kæp eller i en ulveknogle.

Videre forstod P åbenbart også at skaffe sig et godt overblik ved at benytte 5 som et – lad os sige – *referencetal*, og endda at benytte en potens heraf i samme øjemed.

P havde næppe ord til at udtrykke sit regnskab med. Nogle sprogforskere mener, at man i primitive samfund kun har haft ord for helt små naturlige tal som 1, 2, 3 og 4. Og endvidere, at de benyttede ord for disse tal var tillægsordsagtige, dvs. bøjedes svarende til navneordet. Hvis det forholder sig sådan – og som vi skal se om et øjeblik, tyder meget på det – så er den påbegyndte frigørelse af talbegrebet ikke forløbet så konsekvent endda. I og for sig er det ret naturligt, at talord opfattedes tillægsordsagtige; for hvori består

---

[2] Det latinske ord *calculus* – som naturligvis har givet anledning til vort *kalkulere* – betyder *småsten*.

[3] Det latinske ord *computare* – hvorfra ord som *compute, computer, count, compte* og *konto* stammer – betyder at *skære*.

den åbenlyse sproglige forskel mellem eksempelvis *gamle heste*, *røde heste* og *fire heste*?

2 Tal og sprog

Selv nutidens sprog har spor af en sådan opfattelse af tal som en egenskab/ attribut ved tingene; tænk fx på, at vi i forbindelse med navneord stadig skelner mellem *en* og *et*. Og tidligere var den slags langt mere udbredt. På latin [modersproget for alle romanske sprog] hedder *en* – afhængigt af, hvad det knyttes til – enten *unus*, *una* eller *unum*; *to* hedder *duo*, *duae* eller *duo*; og *tre* hedder *tres* eller *tria*. Og den germanske sproggruppe står ikke tilbage: Endnu i Luthers bibeloversættelse var der for *to* formerne *zween* [hankøn], *zwo* [hunkøn] og *zwei* [fælleskøn/intetkøn]; og *tre* hed på gammelt højtysk *dri*, *drio* eller *driu*. Men for alle indoeuropæiske sprog gælder, at tal over *fire* ikke behandles som tillægsord – de hedder og hed det samme, ligegyldigt hvad de knyttes/knyttedes til. Det har måske sin forklaring i, at ordene for de helt små tal faktisk kun var almindelige sprogord, ikke udskilt/erkendt som særlige talord, eksempelvis ikke del i nogen remse – tallene blev altså endnu ikke brugt til at *tælle* med. Tal større end *fire* har man formodentlig ikke haft behov for at angive præcist – eller ikke magtet, den gang sprogene var unge.

I øvrigt er netop talord særligt velegnede ved sammenligninger af sprog. Det hænger sammen med, at mens andre ord ofte ændrer betydning fra sprog til sprog, så har talnavne naturligvis uændret betydning fra sprog til sprog[4].

Det er endda muligt, at de første sprog har været helt uden tal. Jeg tænker her på, at man måske kun har været i stand til at give udtryk for eksempelvis *hest* [helt uden nogen form for antal] – eller måske har man kun brugt udtryk svarende til *hest* og *heste* – eller *en hest* kan have heddet noget, og *to heste* noget helt andet – begge måske udtrykt ved en enkelt lyd. Eller måske har man haft et talbegreb svarende til *en*, *to*, *mange*; i hvert fald er der selv i vore dage rundt om på jorden primitive stammer, som ikke kan udtrykke sig mere præcist. Andre har skabt ord for lidt større tal efter skemaet *en*, *to*, *to en*, *to to*, *to to en* – og måske videre. Atter andre efter skemaet *en*, *to*, *tre*, *to to*, *to tre*, *tre tre* – og måske videre. Men i begge tilfælde bestemt ikke ret meget videre; det ville hurtigt blive helt uoverskueligt at udtrykke sig. Formodent-

---

[4] Eksempel: Det engelske ord *sea*, det hollandske *zee*, det tyske *See* og det danske *sø* er tydeligvis "samme ord"; men på de to førstnævnte sprog betyder ordet *hav*.

lig gik det også i den fjerne fortid meget langsomt med at indføre ord for blot lidt større tal – og behovet derfor var næppe presserende. Og *fingertælling* [altså med 5 eller 10 som referencetal] er åbenbart ingen selvfølgelighed. Fingertælling er nok først dukket op på et vist stade af den sociale udvikling – måske først, når der opstod behov for at kunne udtrykke sig mere præcist ved lidt større talangivelser.

Og hvad var det så, der gjorde det ønskeligt – måske ligefrem nødvendigt – at kunne udtrykke sig mere præcist i slige sager? Lad os se tilbage i tiden.

3 Dengang små tal var tilstrækkelige

Så længe menneskene levede i små flokke, der flyttede fra sted til sted for at søge føde, var det [ud over at kunne "holde styr på noget" ved hjælp af eksempelvis ridser i en kæp] nok kun de helt små naturlige tal, der var behov for – efterhånden måske for at kunne *tælle* et stykke. Men på et vist tidspunkt begyndte mennesker visse steder på jorden at gå over til en *fastboertilværelse*, hvor de i højere og højere grad producerede føde ved *dyrkning* af jorden og *tæmning* af dyrene – i vor terminologi overgik de fra Ældre til Yngre Stenalder.

Denne overgang fandt naturligvis sted på forskellige tidspunkter forskellige steder på jorden – og for øvrigt er den jo ikke tilendebragt endnu. Af mange forskellige grunde, bl.a. sikkerhedsmæssige, har det fastboende menneske valgt at leve i *samfund*. Sådanne samfund koncentreredes først på steder med et gunstigt klima og en frugtbar jord, nemlig omkring floderne Nilen, Eufrat og Tigris, Indus samt Huanghe og Yangzi. Man regner med, at denne form for civilisation begyndte dels i Nilens delta og dels mellem Eufrat og Tigris for 10000-12000 år siden, og ikke længe efter de to andre steder. De afgørende ændringer i menneskets levevis begyndte efter den sidste istids ophør for ca. 12000 år siden. Lad os se lidt nærmere på, hvad der skete.

Med istidens afslutning fulgte et varmere klima, enorme sne- og ismasser smeltede, nedbøren tog til, og vandstanden i havene steg. Eksempelvis var vandstanden i Den Persiske Havbugt ved istidens slutning næsten 50 meter lavere end nu. Omkring år 3800 f.Kr. var den som nu, og den steg yderligere i ca. 300 år. Derved blev udløbet af vandet fra floderne Eufrat og Tigris vanskeliggjort, det flød langsommere og søgte nye veje mod havet. På den måde opstod et bredt delta, som i øvrigt minder meget om Nilens.

Men lad os ikke gå for hurtigt frem. De føromtalte kolossale klimaændringer i forbindelse med istidens ophør medførte bl.a., at store steppeområder blev tilgroet, ofte med tætte skove. På den måde forsvandt mange græsgange – og dermed vildtet; så jægerfolkene måtte finde på noget andet for at overleve. Det, man fandt på, var at satse mere på planter og dyr, som egnede sig til avl. Det skal bemærkes, at man naturligvis "altid" havde spist plantesøde, herunder vildtvoksende kornsorter, og udnyttet dyr i deres vilde former. Men nu begyndte man som sagt visse steder at *dyrke* kornet og *tæmme* dyrene.

4 Dengang systematiske talnavne dukkede frem

Fremskridt inden for jordbrug og handel bidrog [af grunde, som jeg kommer nærmere ind på om lidt] væsentligt til udvikling af talbegrebet. Tal sammenfattedes i større enheder, eksempelvis *femmere, tiere* eller *tyvere*, sædvanligvis ved at man tog den ene hånds eller begge hænders fingre til hjælp. Det førte til, at man [om ikke før, så nu] for alvor begyndte at *tælle*, først med *fem* og senere med *ti* som referencetal. Det betød, at der så småt kom system i navngivningen. Systemet bestod i, at navnene afspejlede addition, undertiden subtraktion, ud fra referencetallene [et navn eksempelvis for *tolv* kunne i et sprog dannes som navnet for *ti og to*, et navn for *ni* som navnet for *ti på nær en*]. Den egentlige betydning af vore talnavne *elleve* og *tolv* er således *en til overs* og *to til overs*. Og *tretten, fjorten, ... , nitten* står for *tre og ti, fire og ti, ... , ni og ti*. *Nitten* hedder på latin *undeviginti*, og på indernes oldtidssprog sanskrit *ekonavimcati*; begge ord betyder *en under tyve*. På sanskrit kan man også sige *ûnavimcati*, dvs. *mangelfuldt tyve*. Nu og da valgte man som referencetal *tyve*, altså summen af fingre og tæer; det gælder eksempelvis inkaerne i Sydamerika og mayaerne i Mellemamerika. I nogle sprog betyder navnet for *tyve* i øvrigt (et helt) *menneske*.

Talstørrelser blev fortsat fastholdt på forskellig måde ved hjælp af enkle midler som fx snit i en kæp, knuder på et bånd eller bunker af småsten eller muslingeskaller – hvor antal på fem, ti og/eller tyve blev specielt fremhævet. Der var kun et kort skridt herfra til indførelsen af specielle symboler for fem, ti, tyve, osv.; og man har konstateret, at den slags symboler har været i brug helt fra begyndelsen af vor skrevne historie.

Ved at eksempelvis 14 [fremover benytter jeg vor sædvanlige talnotation i titalsystemet] fik navn på en måde, som viser hen til navnet for $10 + 4$ eller for $15 - 1$, osv., opstod en primitiv form for *aritmetik*[5]. Navngivningen er vidnesbyrd om, at man var begyndt at regne, først naturligvis i form af *addition* og *subtraktion*. *Multiplikation* begyndte måske med, at 20 udtryktes, ikke som 10 plus 10, men som 2 gange 10. Den slags *fordoblingsoperationer* blev i øvrigt gennem årtusinder brugt som en særlig regningsart, en slags mellemting mellem addition og multiplikation, især i Ægypten og Indus-området. *Division* begyndte måske med, at 10 blev udtrykt som halvdelen af 20. Derimod lod dannelse af almindelige brøker vente meget længe på sig.

Det blev også nødvendigt at måle længder, arealer og rumfang. Målestokkene var alt andet end eksakte, og var tit baseret på en eller anden legemsdel [tomme, fod, favn][6].

5 Lidt mere historie

De fleste arkæologer hælder til den teori, at egentlig dyrkning af jorden og tæmning af dyr startede i Mellemøsten, formodentlig i den såkaldte Frugtbare Halvmåne, der strækker sig fra skrænterne i det østlige Tyrkiet til højsletterne i Jordan. Herfra bredte kunsten sig til det øvrige Mellemøsten. De steder, hvor menneskene begyndte at dyrke korn og at holde husdyr, blev de fastboende, og sådanne områders befolkning steg tilsyneladende betydeligt hurtigere end førhen.

I Mesopotamien[7] blev klimaet for ca. 7500 år siden præget af mere nedbør, og landsbysamfundene bredte sig ned ad bjergene og ud på lavlandet, hvor der hidtil havde hersket tørke. Omkring år 5000 f.Kr. var der opstået betydelige handelsudøvende kulturer i Øvre Mesopotamien, man kendte alle de vigtige kornsorter, og man havde tæmmede husdyr. Men udviklingen mod en egentlig bykultur med dertil hørende samfundsstruktur gik stadig langsomt.

Endnu omkring år 3500 f.Kr. var floddeltaet stort set ubeboet; men derefter tog bosætningen for alvor fart, og ud over landsbyer opstod storbyer som Uruk og Kish med titusinder af indbyggere. Omkring år 3300 f.Kr. hørte issmeltningen nemlig op, klimaet i Mesopotamien [og andre steder] blev mere

---

[5] Det græske ord *arithmos* betyder *tal*.
[6] Måleenhederne var dog ikke helt så vilkårlige, som ovenstående kunne forlede til at tro. Der var tale om eksempelvis en bestemt konges fodlængde, osv.; men gengivelser af sådanne mål var upræcise.
[7] Dette græske ord betyder *Mellemflodlandet*.

tørt, og vandmængden i de to store floder mindskedes væsentligt – en del af Eufrats lejer tørrede endda helt ud. Herved kom mange landsbyer og større bebyggelser til at mangle vand, og befolkningerne sådanne steder havde kun den udvej at søge hen, hvor vandtilførslen var mere stabil. Det gav sig udslag i, at der i løbet af kort tid skete en voldsom befolkningstilvækst i floddeltaet, et område på størrelse med Danmark, og hvor *sumererne* var den dominerende befolkningsgruppe.

Hidtil havde man stort set kunnet nøjes med naturlig vanding. Nu måtte man udvikle ny teknik og organisation. Det medførte en målbevidst og systematisk udvidelse af de dyrkede arealer ved hjælp af kunstig vanding. Der blev bygget diger og gravet kanaler i kilometervis, der blev bygget dæmninger, og der blev drænet. Endvidere erfarede man, at det var vigtigt, at der blev sået og høstet på de rette tidspunkter. Det blev således af vital betydning at kende mest muligt til årets gang. Man erfarede, at der var en nær sammenhæng mellem årets gang og stjernehimlens udseende. Man begyndte derfor at studere *astronomi* og kunne på den baggrund udarbejde *kalendere*. Overskud fra fede år måtte gemmes til magre; så der skulle forvaltes, oplagres og fordeles. Der skulle *tælles*, *måles* og *skrives*.

6 Skriftsprog

Man sætter begyndelsen af Historisk Tid til ca. år 3200 f.Kr., nemlig til det tidspunkt, hvor *skriften* blev opfundet af sumererne. Den Historiske Tid er fra første færd karakteriseret af en højtstående kultur og civilisation. Overgangen var dog ikke så brat, som det umiddelbart kunne lyde. Også tidligere havde man meddelt sig skriftligt ved hjælp af diverse tegn; men antallet af tegn forøgedes fra omkring 30 til lige ved 1000 over en ret kort periode. Endvidere var de fleste af de nye skrifttegn, lige som de gamle, hvad vi kalder *piktogrammer*; dvs. der var tale om en billedskrift. Det volder i øvrigt forskerne store problemer at tyde mange af skrifttegnene, bl.a. fordi deres rækkefølge tilsyneladende var helt vilkårlig. For at imødekomme det hastigt voksende behov for at udtrykke sig skriftligt begyndte man snart at anvende lertavler, idet ler var et lettilgængeligt og velegnet materiale. Budskaber blev præget på våde lertavler med grifler, og der fandt efterhånden en forenkling af skrifttegnene sted; herved fremkom den såkaldte *kileskrift* [mere om dette i Afsnit 17].

Bog 1 Elementer fra tallenes og algebraens historie   A INDLEDNING

Takket være den hurtige udvikling, som altså egentlig var fremprovokeret af naturforholdene, fik den mesopotamiske kultur et betydeligt forspring i forhold til de omkringliggende kulturer. Og inden længe begyndte den at ekspandere.

Formodentlig gjorde kulturpåvirkningen sig hurtigt gældende selv i det fjerne Ægypten, som ligger 1500 km væk i fugleflugtslinje over den arabiske sandørken. I landet ved Nilen var der også sket en klimaforbedring for ca. 7500 år siden, men endnu omkring år 3100 f.Kr. levede befolkningen på et meget primitivt niveau. Derefter indtraf imidlertid pludselige, dramatiske forandringer, og i løbet af kort tid forenedes Øvre og Nedre Ægypten til ét rige, som udviklede en majestætisk og særpræget konservativ kultur.

Igen er naturforholdene sikkert hovedgrunden til den efterfølgende, temmelig forskellige udvikling af den ægyptiske og af den mesopotamiske kultur. Dels havde Nilen et anderledes fredeligt temperament end den viltre, upålidelige Tigris, Syndflodens flod, som man aldrig vidste, hvor man havde. Dels gik alle betydende handelsveje på den tid gennem Mesopotamien, mens Ægypten lå isoleret bag Rødehavet til den ene side og Afrikas endeløse ørken til den anden. Ægypten lå dermed også beskyttet i en helt anden grad end Mesopotamien, hvis historie er præget af uafladelige indfald fra steppernes og højsletternes rastløse nomadefolk.

Ægypterne opfandt eller tilegnede sig skrivekunsten omkring år 3100 f. Kr. og udviklede deres eget, selvstændige skriftsystem. Den ægyptiske *hieroglyfskrift* [mere om ægypternes notation i Afsnit 9] bestod af ca. 800 tegn med billeder af dyr, mennesker, redskaber og bygninger. De kunne udtrykke både enkeltlyde og stavelser, men de kunne også bruges som *idéogrammer*, dvs. stå for hele begreber. På Det Gamle Riges tid, dvs. mellem 2665 f.Kr. og 2155 f.Kr. afløstes den af en kursivskrift, den såkaldt *hieratiske skrift*.

7 Om opbygningen af Bog 1

Skønt det altså var sumererne, der satte udviklingen i gang, vil vi følge traditionen og begynde vor egentlige behandling af talbegrebets udvikling med ægypterne. Grunden hertil er først og fremmest, at ægypternes talnotationssystem og deres regnemetoder var mere primitive og lettere at beskrive end sumerernes. Den sumeriske matematik – der af grunde, som vi senere kommer ind på, også kaldes den *babyloniske* matematik – nåede i flere henseender betydeligt videre end den ægyptiske, og der er allerede peget på grunde dertil ovenfor:

> De sumeriske/babyloniske "ingeniører" måtte løse vanskelige problemer i forbindelse med de voldsomme naturændringer. Specielt Tigris stillede langt større ingeniørmæssige krav end den fredsommelige Nil.
>
> Sumerernes/babyloniernes handelsliv var langt mere udviklet end ægypternes – de vigtigste handelsveje gik gennem Mesopotamien, mens Ægypten lå isoleret.

Det er dog først med østrigeren Otto Neugebauers tydning [i tiden efter 1935] af mange sumeriske/babyloniske lertavler om matematik blevet klart, at det forholder sig sådan. Indtil da troede man faktisk, at den ægyptiske matematik stod på et højere stade end den babyloniske – formodentlig på grund af de imponerende pyramidebyggerier.

Efter at have studeret ægypterne og babylonierne vil vi se på udviklingen hos inderne og kineserne. Derefter tager vi fat på at studere grækernes videnskabeligt betonede talopfattelse.

Grækernes umiddelbare arvtagere var ikke de øvrige europæere, men araberne; ja, i første omgang var det nok først og fremmest inderne, som bl.a. via Alexander den Stores felttog var blevet bekendt med den græske kultur. Hos araberne skete en delvis sammensmeltning af den græske og den indiske matematiktradition.

Først til sidst i Bog 1 skal vi se, hvordan europæerne ganske sent kom i gang, men efterhånden endda trådte i spidsen for udviklingen.

Grunden til, at jeg har valgt at behandle inderne før kineserne og grækerne, er især den, at med inderne færdigbehandler vi i princippet det *cifrerede decimale positionssystem* [altså vort titalsystem, jf. Fodnote 8 nedenfor]. Ved studiet af kineserne og især grækerne vil vi derfor lægge mindre vægt på talnotation, men til gengæld interessere os mere for, hvad tal egentlig er for noget. Og i forbindelse med araberne og Middelalderens europæere vil vi bl.a. interessere os for, hvorledes de fik kendskab til indernes talnotationssystem[8]. Og afslutningsvis vil vi se på, hvordan europæerne videreudviklede araber-

---

[8] Dette talnotationssystem, som jo er det, vi anvender den dag i dag, omtales ofte som *de indiske tal* eller *hindutallene* eller lidt misvisende som *arabertallene*.

nes algebra fra receptform til symbolform – og fra et på geometriske repræsentationer byggende redskab til løsning af specielle opgaver, til et på algebraens egne metoder byggende uhyre effektivt redskab til løsning af generelle opgaver.

B ÆGYPTERNE
8 Lidt historie

I tidsrummet mellem 3050 og 2950 f.Kr. samledes Ægypten til ét rige, efter at der indtil da havde været to magtcentre, et for Øvre Ægypten [mod syd] og et for Nedre Ægypten [mod nord]. Mens ægyptologerne tidligere mente, at samlingen var sket under Horus Narmer, mener man nu til dags, at dette først skete under hans efterfølger [og vistnok søn] Horus Aha. Falkekongerne[9] betragtedes som inkarnation af Horus og styrede efter folketroen landet i hans sted; det gjorde de frem til 2665 f.Kr. Perioden var temmelig urolig og præget af borgerkrige.

De efterfølgende godt 500 år fra 2665 til 2155 f.Kr., der som allerede nævnt kaldes Det Gamle Rige, var de store pyramidebyggeriers tidsalder. Magten var centraliseret hos faraoen og hans residens i Memphis, og bortset fra enkelte straffeekspeditioner mod libyerne i nordøst og plyndringstogter mod nubierne i syd, herskede der fred såvel indadtil som udadtil. Kongernes magtstilling kulminerede formodentlig med Keops (2575-2550 f.Kr.) og Khefren (2540-2515 f.Kr.) og aftog derefter, i hvert fald at dømme efter pyramidernes størrelse – både Keops og Khefrens gravmæler var over 140 m høje, mens Mykerinos' (2515-2487 f.Kr.) kun var 67 m.

Efter en utryg mellemtid (2155-2061 f.Kr.) med indre stridigheder fulgte en ny blomstringstid, Det Mellemste Rige (2061-ca. 1650 f.Kr.), hvor landet atter var samlet, nu med Theben som hovedstad. Velstanden voksede stærkt efter en administrationsreform, og kunst, litteratur, videnskab og arkitektur udfoldede sig i rigt mål. Det sumpede Faijumområde lige syd for Memphis forvandledes ved hjælp af et kanalsystem til frugtbart agerland, og faraonerne forlagde deres residens dertil.

Den egentlige glansperiode indtraf under det tolvte dynasti (1991-1785 f. Kr.). De to følgende dynastier havde svage herskere, der ikke kunne holde vasallerne i ave, og indvandrede semittiske stammer overtog magten i det nordlige Ægypten i den såkaldte Hyksos-tid (ca.1650-1544 f.Kr.), mens den

---

[9] Navnet skyldes sagnkongefamilien Osiris' og Isis' søn, den ofte med falkehoved gengivne solgud Horus, der efter at have hævnet drabet på faderen overtog herredømmet over Nildalen.

sydlige del af landet forblev i ægypternes besiddelse med Theben som hovedsæde.

Det Nye Rige (1544-1080 f.Kr.) regnes for Ægyptens guldalder. Den indtraf, efter at det var lykkedes kongerne i Theben at fordrive de forhadte fremmede. Det lykkedes endda at udvide riget med det østlige middelhavsområde samt nubiske og sudanske områder langs Nilen. Den store krigerkonge var Thuthmosis 3. (1468-1438 f.Kr.), som kaldes Oldtidens Napoleon, ikke alene på grund af sine feltherreegenskaber, men også fordi han medbragte videnskabsmænd og kunstnere på sine felttog.

I slutningen af perioden overtog præsteskabet mere og mere magten, og riget faldt delvis fra hinanden for aldrig mere at spille nogen betydningsfuld rolle. Efter nederlag 525 f.Kr. til perserkongen Kambyses blev Ægypten gjort til en persisk provins, i 322 f.Kr. besatte Alexander den Store landet, og efter en godt 350-årig hellenistisk periode indlemmedes Ægypten i Det Romerske Imperium i 30 f.Kr.

9 Talnotation

Formodentlig påvirket af den sumeriske kultur udviklede ægypterne deres eget skriftsystem omkring 3100 f.Kr. Også dette skriftsystem var baseret på billedlig gengivelse; tegnene kaldes *hieroglyffer*, et græsk ord, som betyder *hellige tegn*. I den forbindelse udviklede ægypterne også deres eget særprægede talnotationssystem. Det er baseret på repetition af symboler for henholdsvis *en* [en streg, som muligvis symboliserer et papyrusblad], *ti* [en bue, som muligvis symboliserer et bøjet papyrusblad], *hundrede* [hvor tegnet muligvis forestiller en rebende], *tusinde* [en lotusblomst], *ti tusinde* [måske en bøjet finger, måske en slange], *hundrede tusinde* [måske en fugl eller en haletudse] og *en million* [en siddende mand med løftede arme]. Fx blev 356 skrevet sådan:

Figur 2

Der er på ingen måde tale om noget *positionssystem*[10], for en ændring af symbolernes rækkefølge vil ikke give anledning til misforståelse [for den sags

---

[10] I et positionssystem (også kaldt et *pladsværdisystem*) har et og samme symbol forskellig betydning, alt efter hvor det står. Fx står 7-tallet i 7, i 73 og i 792 for henholdsvis syv *enere*,

skyld kunne de stå "hulter til bulter"]. Der er heller ikke behov for noget symbol for *nul*; fx kan 356 ikke forveksles med 3056, der blev skrevet sådan:

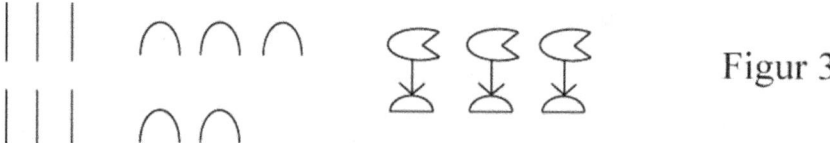

Figur 3

Man har fundet inskriptioner fra denne tid, som omtaler meget store tal, eksempelvis en, der fortæller om 120000 fanger og 1422000 erobrede geder!

Det skrivemateriale, ægypterne anvendte til almindelige dokumenter, var ruller af det fugtfølsomme og skrøbelige *papyrus*, et materiale der blev fremstillet af papyrusplantens marv, og som helt frem til omkring 500 e.Kr., hvor det blev fortrængt af papir og pergament, var det almindeligste skrivemateriale. Kun ganske få papyrusruller [fra tørre ørkenområder] er bevaret. Den matematisk set mest betydningsfulde af disse kaldes *Papyrus Rhind* [jf. Figur 4; den er opkaldt efter en skotsk oldtidsforsker, som fandt den i 1858].

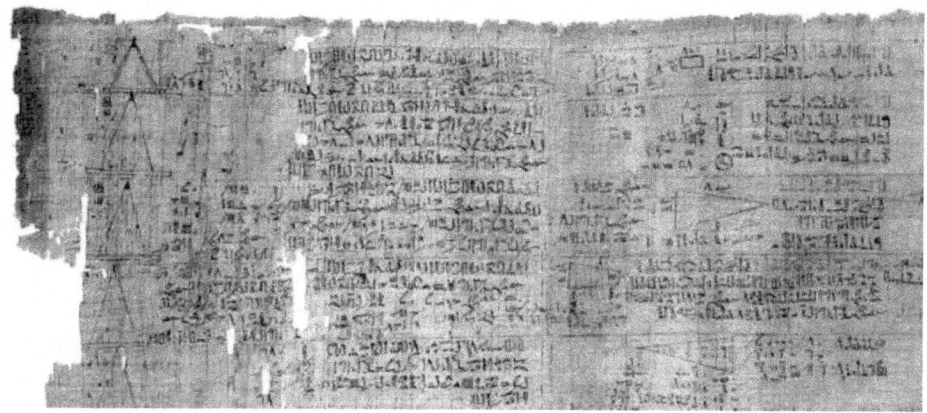

Figur 4

Den blev udfærdiget omkring 1650 f.Kr. af skriveren Ahmes, som fortæller, at den behandlede matematik allerede var kendt mellem 2000 og 1800 f.Kr. [i vor tidsregning]. Rullen er ca. 18 fod lang og 1 fod bred og indeholder en mængde matematiske opgaver med løsninger. Den blev fundet sammen med den såkaldte *Matematiske Læderrulle*, som bl.a. indeholder nogle additionstabeller. Også den et par hundrede år ældre *Papyrus Moskva* [opkaldt efter sit nuværende opholdssted] indeholder matematikopgaver og løsninger til disse.

---

syv *tiere* og syv *hundreder*. Vort talnotationssystem, *titalsystemet*, er altså et positionssystem.

Hieroglyffer var ikke velegnede til papyrus, så på disse ruller blev anvendt den forenklede *hieratiske*[11] skrift, og denne blev senere afløst af den *demotiske* skrift. Disse skrifttyper har særlige tegn for 1, 2, 3, ... , 9, 10, 20, 30, ... , 90, 100, 200, 300, ... , 1000; man kunne altså med et enkelt tegn skrive fx 700. Systemet minder om det, bageren havde på sit kasseapparat i min fjerne barndom. Jeg vil imidlertid nedenfor holde mig til hieroglyfsystemet.

10 Regning

Fordi man er i stand til at *skrive* tal, er det ingen selvfølge, at man også er i stand til at *regne*. Men ægypterne udførte faktisk alle de fire elementære regneoperationer: addition, subtraktion, multiplikation og division [og yderligere benyttede de som omtalt i Afsnit 4 fordobling som en særlig regningsart]. Man brugte ingen tegn til at angive, hvilken regningsart der blev anvendt; det måtte læseren selv finde ud af.

Ægypterne regnede på en måde, som klart viste den tætte forbindelse mellem de fire regningsarter – hvilket jo alt andet lige er en stor pædagogisk fordel. Og grundoperationen *addition* var lige som selve talnotationen baseret på repetition/sammenstillen – og dermed uhyre enkel.

Eksempelvis blev addition af 356 og 467 gennemført ved sammenstillen af

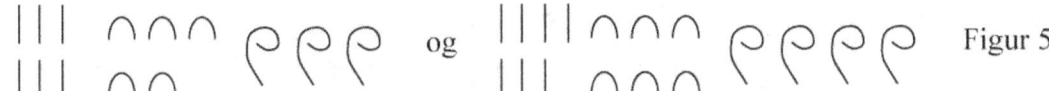

Figur 5

Idet man bytter 10 enere til 1 tier, og 10 tiere til en hundreder, kan summen skrives sådan:

Figur 6

Subtraktion foregik efter samme mønster; så det fremgik klart, at der var tale om den modsatte operation til addition.

Ægypterne udførte *multiplikation* ved fordobling og addition. Denne metode blev i Antikken og Middelalderen kaldt *den ægyptiske metode*; senere er den blevet omtalt som *den russiske bondemetode*, fordi den til langt ind i moderne tid blev anvendt af russiske bønder.

---

[11] Ordene *hieratisk* og *demotisk* er græske og betyder henholdsvis *hellig* og *folkelig*.

Eksempelvis blev 13·12 udregnet ved, at man først skrev 12, under dette 2·12, under dette igen 4·12, og så 8·12. Og da 13 = 1 + 4 + 8, lagde man nu de til 13 svarende multipla af 12 sammen og havde derved bestemt 13·12. Opstillingen på papyrus var nogenlunde sådan:

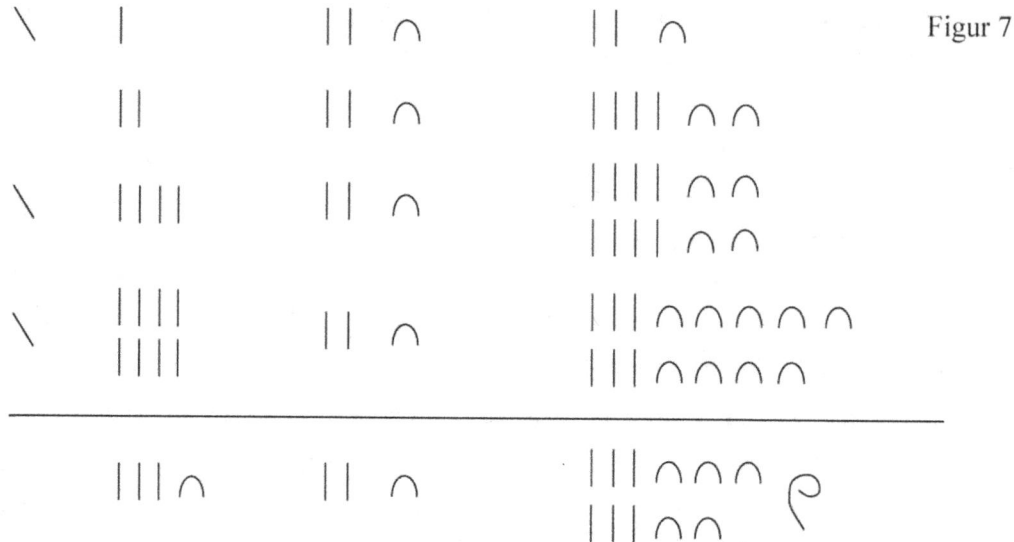

Figur 7

Summen af tallene i venstre spalte ud for de skrå streger, som blev skrevet med på papyrussen, er 13; man dannede derfor summen af de tilsvarende tal i højre spalte og fandt, at 13·12 er 156 [den vandrette linje er ikke med på papyrussen]. Som det fremgår, skelnede den ægyptiske metode mellem *multiplikator*[12] og *multiplikand*[13]; 12·13 er et helt andet regnestykke[14].

Undertiden benyttedes multiplikation med *grundtallet* ti i stedet for fordobling; også halvering kunne man finde på at udnytte. Eksempelvis har man fundet udregning af 16·16 efter følgende mønster:

---

[12] Latinsk *multiplicator*, som kommer af *multi*, der betyder *mange*, og *plicare*, der betyder *folde*, står for et tal, som et andet tal (multiplikand) multipliceres/ganges med. Multiplikatoren er så at sige den "aktive faktor" i et produkt.

[13] Latinsk *multiplikandus* står for et tal, der bliver multipliceret/ganget med et andet tal (multiplikator). Multiplikanden er så at sige den "passive faktor" i et produkt.

[14] Vi lægger vel næppe mærke til, om der bliver sagt "13 gange 12" eller "13 ganget med 12" – vi ved jo, at resultatet er det samme. Det vidste ægypterne dog nok også; og i *vor* opstilling af et gangestykke skelnes jo også mellem multiplikator og multiplikand.

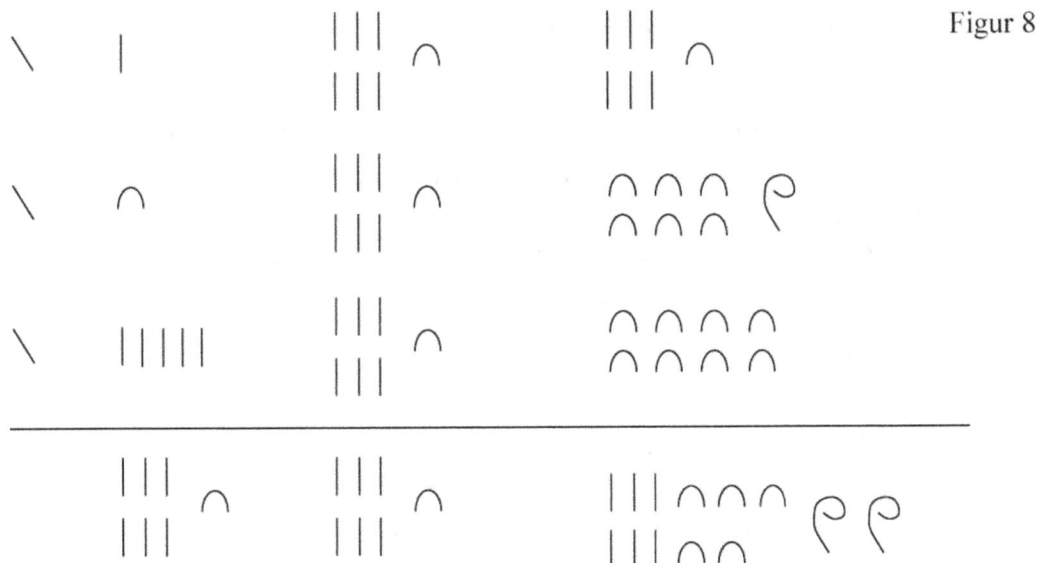

Figur 8

Ægypterne kunne også *dividere*. Og det gjorde de på en måde, som klart viste, at der var tale om den modsatte operation til multiplikation; de benyttede nemlig fremgangsmåden fra multiplikation, blot "kikkede de først i højre spalte i stedet for i venstre". Eksempelvis blev 45 divideret med 9 efter præcis samme skema, som blev brugt ved multiplikation af 9:

Figur 9

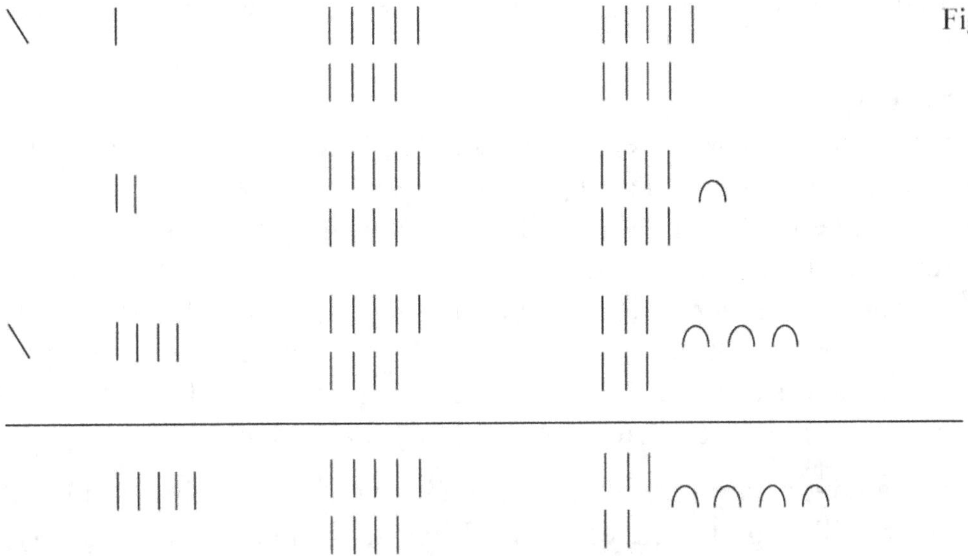

Det fremgår, at summen af tallene i højre spalte ud for de skrå streger er 45. Da summen af de tilsvarende tal i venstre spalte er 5, er resultatet af divisionen 5. Ahmes formulerede i øvrigt divisionsopgaven sådan: "Regn med 9, til du får 45".

Imidlertid er det jo langt fra altid, at en division går op. Fx blev man i Opgave 3 i *Papyrus Rhind* opfordret til at fordele 6 brød mellem 10 mænd sådan, at disse alle fik lige meget. Her klarede Ahmes opgaven efter skemaet [de nye symboler i venstre spalte står for henholdsvis 1/2, 1/10 og 1/2 + 1/10; mere herom nedenfor]:

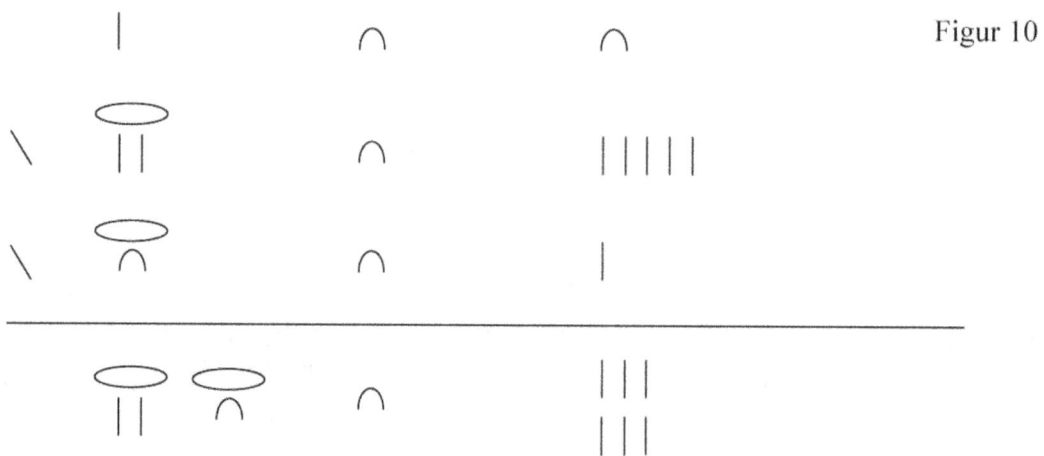

Figur 10

Da summen af tallene i højre spalte ud for de skrå streger er 6, så er svaret 1/2 + 1/10.

11 Stambrøker

Med ovenstående er vi kommet ind på det mest særprægede ved den ægyptiske regnekunst, den specielle brug af stambrøker. Ved en *stambrøk* forstår vi en brøk med tæller 1 og nævner et naturligt tal. Ægypterne benyttede som symbol for en stambrøk et tal med en oval – vist nok forestillende en åben mund – placeret ovenover. I det følgende vil jeg for nemheds skyld benytte vor sædvanlige brøknotation inde i teksten. Det særprægede er, at ægypterne – med undtagelse af brøken 2/3 og en sjælden gang 3/4 – ikke tillod andre brøker end stambrøker; de havde altså ikke noget almindeligt brøkbegreb.

Overvejer man dette nærmere, er det måske ikke så besynderligt endda: Man kan godt (forestille sig at) dele et brød i 7 lige store dele [tænk her og i det følgende på runde brød]; og hvert af disse stykker er det naturligt at kalde 1/7 (af brødet). Naturligvis er det oplagt at betegne 2 stykker som 2 gange 1/7 eller som 1/7 plus 1/7. Men det er ikke oplagt at betegne det 2/7 [selv om vor brøknotation måske får det til at se sådan ud]; denne betegnelse anvender vi til at udtrykke resultatet af 2 divideret med 7. Noget andet er, at ægypterne udmærket kunne udføre denne division og godt vidste, at resultatet blev det samme som 1/7 plus 1/7; men de benyttede altså ikke en betegnelse, som svarer til 2/7.

De skrev i øvrigt slet ikke resultatet af 2 divideret med 7 som 2 gange 1/7 eller som 1/7 plus 1/7. For at udføre denne division gik Ahmes sådan frem:

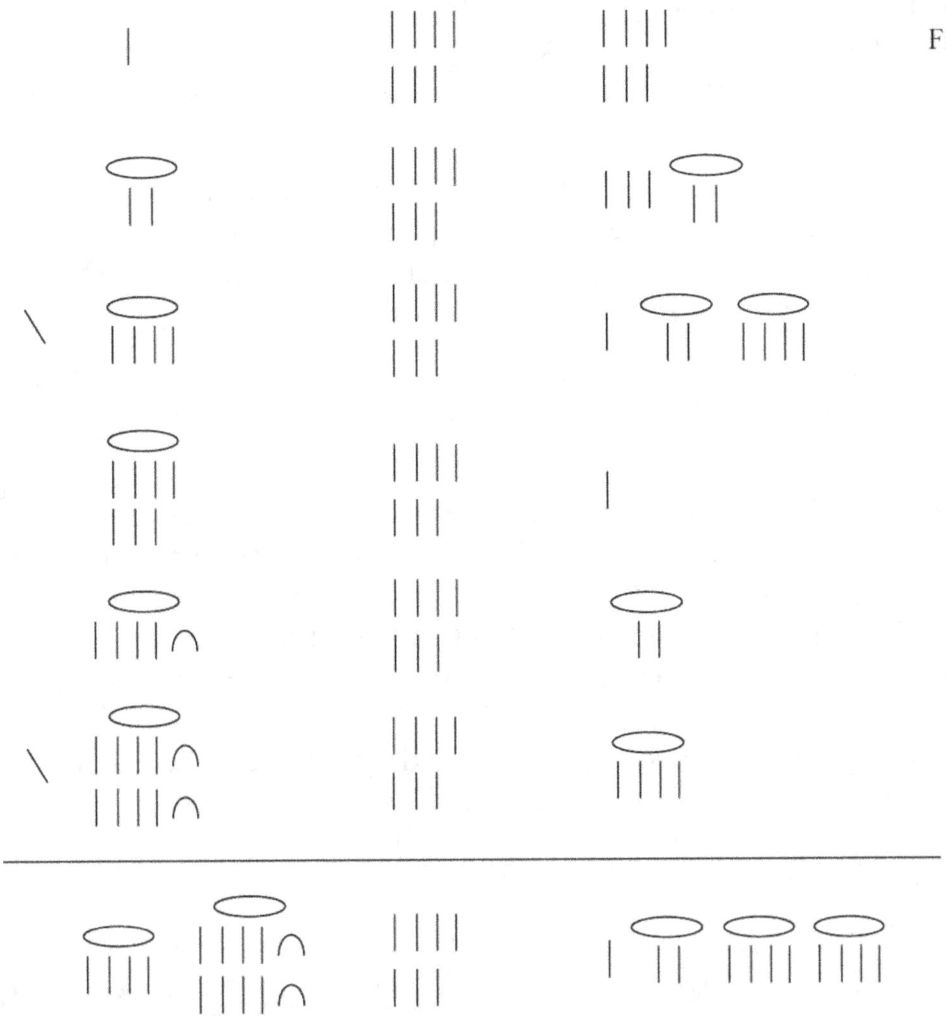

Figur 11

Da den nederste symbolsamling til højre står for $1 + 1/2 + 1/4 + 1/4$, dvs. for 2, så er svaret på opgaven det ved den nederste symbolsamling til venstre angivne tal, altså $1/4 + 1/28$.

Selv om Ahmes som sagt godt vidste, at 2 divideret med 7 er det samme som 1/7 plus 1/7, noterede han i stedet svaret 1/4 + 1/28. Hvorfor han ikke ville skrive 1/7 + 1/7, kan vi kun gisne om. Men faktisk indledtes *Papyrus Rhind* med en tabel, hvor alle tal af form 2/*n* for ulige *n* mellem 3 og 101 (inklusive) blev udtrykt som sum af forskellige stambrøker; altså eksempelvis 2/7 [= 1/7 + 1/7] som 1/4 + 1/28. Nogle bemærkninger hertil:

Man behøver ikke nogen tabel for at finde ud af, at for et lige tal som fx 46 er 1/46 + 1/46 lig med 1/23 [tænker man sig et rundt brød delt i 46 ens dele, og tager man nabodele sammen to og to hele vejen rundt, får man jo brødet delt i 23 sådanne dele].

Det er derimod klart, at det var bekvemt at have en tabel som den omtalte – når man nu ikke ville tillade ens stambrøker i en sum. For det har været et møjsommeligt arbejde at udarbejde tabellen ved metoder som ovenstående – og det gjorde Ahmes faktisk!

Da ægypternes multiplikation var baseret på fordobling, må det siges at være ganske naturligt at udarbejde en sådan tabel, som jo faktisk er en tabel over 2 gange 1/3, 2 gange 1/5, . . . , 2 gange 1/101.

Også i denne situation viser en nærmere overvejelse, at der kan findes rimelige grunde til ikke at ville benytte ens stambrøker i en sum. Tænk eksempelvis på situationen, hvor 2 brød skulle deles mellem 7 mænd. Her kunne man naturligvis enklest dele hvert brød i syvendedele og give hver mand to af disse stykker. Imidlertid *kunne* det måske være ønskeligt at give hver mand så stort et stykke som muligt, og så lidt mere. Og ud fra den synsvinkel ville det være bedst at dele de to brød i kvarte brød, give hver mand et af disse stykker, og derefter dele det tiloversblevne kvarte brød i 7 dele, altså hver af størrelse 1/28 brød, og tildele hver mand en sådan bid.

Det kan tilføjes, at det ægyptiske sprog var sådan, at man ikke kunne tale om eksempelvis *en syvendedel*; man sagde, hvad der svarer til *den syvende del*. Dette er i overensstemmelse med, at hieroglyffen for 2/3 betyder *de to dele*, og 1/3 blev opfattet som *den tredje del*, altså det, der skulle tilføjes for at *komplettere* 2/3 til 1.

Noget helt andet er så, at der findes en enkel og nærliggende generel metode til deling af 2 brød "på ægyptisk facon" mellem et ulige antal mænd, nemlig som følger: Er der fx 23 mænd, så skal hvert af de 2 brød deles i 12 ens dele; vi har altså tilsammen 24 lige store stykker, hver af størrelse 1/12 brød. De 23 mænd får hver et af disse, mens den sidste 1/12 deles i 23 stykker, hvert altså af størrelse 1/276. Vi slutter, at 2 divideret med 23 er lig med 1/12 + 1/276. Denne metode kendte Ahmes åbenbart ikke [selv om eksemplet 2 divideret med 7 kunne tyde på det]; for i sin tabel anførte han, at 2 divideret med 13 er lig med 1/8 + 1/52 + 1/104, mens metoden ville give det enklere resultat 1/7 + 1/91.

12 Indsigt, herunder brug af hjælpetal

Meget tyder derimod på, at Ahmes ud fra sin viden om, at 2/3 er lig med 1/2 + 1/6, havde indsigt nok til at slutte, hvad der svarer til formlen

$$\frac{2}{3} \cdot \frac{1}{n} = \frac{1}{2n} + \frac{1}{6n}.$$

Han skrev nemlig et sted: "Hvis du bliver spurgt om, hvad 2/3 gange 1/5 er, så tag det dobbelte og det seksdobbelte. Du må gå frem på samme måde i andre tilfælde." Dette skal utvivlsomt forstås sådan, at man skal tage det dobbelte af 5 [og altså danne 1/10] og det seksdobbelte af 5 [og altså danne 1/30], og så addere disse to stambrøker.

For bedre at kunne sammenligne med den måde vi regner på i vore dage, vil vi i det følgende benytte nogle af de velkendte symboler, specielt notere brøker på sædvanlig facon; men vi vil kun benytte os af stambrøker samt 2/3.

I Opgave 4 fordelte Ahmes 7 brød mellem 10 mænd. Det gjorde han efter skemaet:

$$1 \cdot 10 = 10$$

$$\backslash \ \frac{2}{3} \cdot 10 = 6 + \frac{2}{3} \quad \text{[Formodentlig har Ahmes tænkt i stil med følgende:}$$

$$\frac{1}{10} \cdot 10 = 1 \quad \text{"2/3} \cdot 9 \text{ ved jeg er 6; altså må 2/3} \cdot 10 \text{ være } 6 + 2/3\text{".]}$$

$$\backslash \ \frac{1}{30} \cdot 10 = \frac{1}{3} \quad \text{Figur 12}$$

Da summen af tallene i højre spalte ud for de skrå streger er 7, så er svaret 2/3 + 1/30, dvs. hver mand får 2/3 + 1/30 brød.

I Opgave 5 havde Ahmes 8 brød til fordeling blandt sine 10 mænd. Af skemaet ovenfor kan let aflæses, at svaret er 2/3 + 1/10 + 1/30.

Nu skal man ikke tro, at alle opgaverne handlede om fordeling af brød. Allerede i Opgave 7 så Ahmes på et helt anderledes og vanskeligere problem: Han udregnede 1 + 1/2 + 1/4 gange 1/4 + 1/28. Vi ville formodentlig skrive om til 7/4 gange 8/28, dvs. 7/4 gange 2/7, og altså få 14/28, dvs. 1/2. Som nævnt lå almindelige brøker, og dermed en sådan udregning, helt uden for Ahmes' talverden. Men alligevel spøgte der "noget med fællesnævner" i Ahmes' udregning. Han indledte nemlig sin besvarelse med at gange 1/4 + 1/28 med 28 og fandt 7 + 1. Denne sum – som han af en eller anden grund ikke udregnede [dvs. skrev 8] – gangede han så med 1 + 1/2 + 1/4 sådan:

$$1 \cdot (7+1) = 7 + 1$$

$$\frac{1}{2} \cdot (7+1) = 3 + \frac{1}{2} + \frac{1}{2}$$

$$\frac{1}{4} \cdot (7+1) = 1 + \frac{1}{2} + \frac{1}{4} + \frac{1}{4} \qquad \text{Figur 13}$$

Og først nu lagde han tallene på højre side af lighedstegnene sammen og fandt, at 1 + 1/2 + 1/4 gange 7 + 1 er 14. Og at svaret på opgaven altså er 14 divideret med 28, dvs. 1/2.

For at gøre en multiplikation lettere anvendte Ahmes altså lejlighedsvis et hjælpetal, i eksemplet her 28; men han var ikke altid så heldig eller dygtig at vælge en sådan faktor, at der kunne regnes med hele tal. Og selv om han var i en situation, hvor han kunne have regnet med hele tal – i udregningen ovenfor ved at benytte 8 i stedet for 7 + 1 (hvilket jo ville have givet tallene 8, 4, og 2 på højre side) – udnyttede han det ikke altid.

13 Komplettering

Ved divisionen af 2 med 23 dukkede endnu er særegent træk ved den ægyptiske talregning op. Ahmes formulerede som tidligere nævnt opgaven som at regne med 23, til han fik 2. Det gik sådan for sig:

$$1 \cdot 23 = 23$$

$\frac{2}{3} \cdot 23 \quad = \quad 15 + \frac{1}{3}$ [Måske ud fra viden om, at 2/3 · 24 = 16.]

$\frac{1}{3} \cdot 23 \quad = \quad 7 + \frac{2}{3}$

$\frac{1}{6} \cdot 23 \quad = \quad 3 + \frac{1}{2} + \frac{1}{3}$

$\frac{1}{12} \cdot 23 \quad = \quad 1 + \frac{1}{2} + \frac{1}{4} + \frac{1}{6}$ Figur 14

Ahmes bemærkede nu, at der for at *komplettere* 1 + 1/2 + 1/4 + 1/6 [det nederste tal til højre i Figur 14] op til 2 manglede 1/12, idet han fra sin formodede additionstabel vidste, at 1/4 + 1/12 er 1/3 og at 1/3 + 1/6 er 1/2, og 1/2 + 1/2 er jo 1. Han måtte derfor – i *sin* formulering – regne med 23, til han fik 1/12. Det klarede han sådan:

$1 \cdot 23 \quad = \quad 23$

\ $10 \cdot 23 \quad = \quad 230$

\ $2 \cdot 23 \quad = \quad 46$ Figur 15

dvs. 12 gange 23 er 276. Herudfra sluttede han [tænk på, at 1/276 = 1/(12·23)], at 1/276 gange 23 er 1/12; og følgelig, at svaret på opgaven alt i alt er 1/12 [fra sidste linje i Figur 14] plus 1/276. Sammenlign denne udregning med vor metodiske udledning i slutningen af Afsnit 14, som let gav 1/12 + 1/276. I det hele taget måtte Ahmes udvise stor snilde for at dividere – det tyder i hvert fald ikke på, at han rådede over nogen standardmetode, der med sikkerhed førte til målet.

Dette med at *komplettere* – sædvanligvis op til 1 – var en vigtig sag, og en del af opgaverne i *Papyrus Rhind* er kompletteringsopgaver. Fx skal man i Opgave 21 komplettere 2/3 + 1/15 op til 1. Det gjorde Ahmes som vist nedenfor, idet han først anvendte 15 som hjælpetal:

$15 \cdot \left(\frac{2}{3} + \frac{1}{15} \right) = 10 + 1 = 11.$ Figur 16

Efter på den måde at have forstørret 2/3 + 1/15 op til 11 sagde Ahmes: "Der er 4 op til 15, så vi skal regne med 15 til vi får 4"; og det gjorde han sådan:

$$1 \cdot 15 = 15$$

$$\frac{1}{10} \cdot 15 = 1 + \frac{1}{2}$$

\ $\quad \frac{1}{5} \cdot 15 = 3$

\ $\quad \frac{1}{15} \cdot 15 = 1.$ \hfill Figur 17

Alt i alt sluttede han på den baggrund, at svaret er 1/5 + 1/15.

14 Regula falsi

Det mest betydningsfulde ved ægypternes regnekunst er efter min mening deres brug af en metode, som senere på latin blev kaldt *regula falsi*. Lad os illustrere denne metode ved et eksempel, hentet fra Opgave 26 i *Papyrus Rhind*:

> En størrelse og en fjerdedel af den er i alt 15; find størrelsen.

Ahmes besvarede opgaven i stil med følgende: Benyt 4 [som den søgte størrelse]. Resultatet bliver så 4 + 1, dvs. 5. Imidlertid skal resultatet ikke være 5, men 15. Da 15 er 3 gange 5, er det rigtige svar på opgaven ikke 4, men 3 gange 4, dvs. 12.

Han prøvede altså med et falsk tal [dvs. et tal, som formodentlig ikke var det søgte] og beregnede, hvad resultatet blev. Og efterfølgende korrigerede han det falske tal, så resultatet blev det rigtige. Også babylonierne benyttede *regula falsi*. At anvende et falsk tal kan ses som forløberen for det at indføre et navn, fx x, for den u(be)kendte størrelse. Man kan således allerede i den ægyptiske og babyloniske oldtidsmatematik se spiren til det i matematikken fundamentale begreb *ubekendt* [se nærmere i Bog 2, Afsnit 4].

15 Tal og geometri

Ægypterne anvendte naturligvis også tal i forbindelse med jordopmåling, pyramidebyggerier, astronomi, m.m. Eksempelvis udarbejdede de en god kalender, hvori året var opdelt i 12 måneder, hver på 30 dage, hvortil kom 5 ekstra festdage [måske en idé, der burde tages op igen?!]. Baggrunden for kalenderen var iagttagelse af, at Nilens årlige oversvømmelse altid fandt sted kort tid efter, at Hundestjernen (Sirius) stod op i øst lige før solen. Da vi ved, at året ikke er nøjagtig 365 dage, men meget tæt på 365 1/4 dag, passer dette imidlertid ikke altid. Der er en periode på ca. 1460 år mellem tider, hvor det forholder sig sådan. Idet det eksempelvis passede i år 139 e.Kr., så har det derfor også passet i årene omkring 2781 f.Kr. og årene omkring 4241 f.Kr. Nogle forskere mener på den baggrund, at kalenderen blev til omkring 2780 f.Kr., andre at det allerede skete omkring år 4240 f.Kr.

Ud over den matematiske indsigt, der ligger bag bygning af pyramiderne, og som jeg ikke her vil komme ind på, kan nævnes, at ægypterne vidste, at arealet af en trekant kan beregnes som en halv højde gange grundlinje; derimod har man intetsteds fundet anvendelse af Pythagoras' sætning. Arealet af en cirkel fandt man som kvadratet på 8/9 [skrevet som stambrøker, naturligvis] af cirklens diameter (altså i vor notation som $(8d/9)^2$]; dette svarer til en værdi af π [forholdet mellem en cirkels omkreds og diameter] på 256/81, altså ca. 3,16. Selv om dette må siges at være en meget fin tilnærmelse til π, så var det mest imponerende ved den beregnende ægyptiske geometri dog nok, at Ahmes udregnede rumfanget af en kvadratisk pyramidestub på en måde, som svarer til anvendelse af en korrekt formel [men naturligvis uden at henvise til nogen formel]. Til gengæld var den fremgangsmåde, han benyttede til udregning af arealet af en firkant, forkert – den svarer til, at arealet kan fås som produktet af halvdelen af det ene par modstående siders sum gange halvdelen af det andet par siders sum.

Bog 1 Elementer fra tallenes og algebraens historie B ÆGYPTERNE

Opgaver til 1B ÆGYPTERNE

I Opgaverne 1B1-1B4 nedenfor ønskes anvendt hieroglyffer. Angiv [som i teksten] enere ved en streg og tiere ved en bue; skriv eksempelvis A for hundrede, B for tusinde, C for ti tusinde, D for hundrede tusinde og E for million. I de følgende opgaver må du anvende sædvanlig notation, men alle opgaverne skal besvares på en måde, som Ahmes kunne tænkes at ville have anvendt.

Opgave 1B1
Angiv tallene 536, 7002, 14306, 117281 og 3412070.

Opgave 1B2
Udregn $536 + 747$ samt $814 - 536$.

Opgave 1B3
Udregn såvel $41 \cdot 68$ som $68 \cdot 41$.

Opgave 1B4
Udregn såvel $34 \cdot \left(7 + \frac{1}{2} + \frac{1}{4}\right)$ som $\left(7 + \frac{1}{2} + \frac{1}{4}\right) \cdot 34$.

Opgave 1B5
Udregn 72 divideret med 12; dvs. "regn med 12, til du får 72".

Opgave 1B6
Udregn 72 divideret med 14; dvs. "regn med 14, til du får 72".

Opgave 1B7
Udregn 73 divideret med 14; dvs. "regn med 14, til du får 73".

Opgave 1B8
Fordel 9 brød mellem 10 mænd [så de får lige meget!].

Opgave 1B9
Fordel 7 brød mellem 10 mænd på en anden måde end den, Ahmes benyttede.

Opgave 1B10
Udregn 12 divideret med 15; dvs. "regn med 15, til du får 12".

Opgave 1B11
Udregn 13 divideret med 15; dvs. "regn med 15, til du får 13".

Opgave 1B12
Skriv 8/13 som en sum af stambrøker, og gang dernæst dette tal med 1/2 + 1/4.

Opgave 1B13
Kompletter 2/3 + 1/7 op til 1.

Opgave 1B14
Kompletter 1/6 + 1/9 op til 1.

Opgave 1B15
En størrelse og en sjettedel af den er i alt 21. Bestem størrelsen, idet der indledningsvis benyttes *regula falsi*.

Opgave 1B16
En størrelse og en syvendedel af den er i alt 12. Bestem størrelsen, idet der indledningsvis benyttes *regula falsi*.

Opgave 1B17
En opgave fra Papyrus Rhind lyder nogenlunde sådan:

En størrelse og dens syvendedel er 19. Hvad er størrelsen?

Opgave 1B18
Skriv hvert af tallene 2/7, 3/7, 4/7, 5/7 og 6/7 som sum af forskellige stambrøker ved at benytte nedenstående skema (idet 1/7, 4/7 og 2/7 på snedig vis kan bestemmes/aflæses ["regn med 7, til du får ..."], og disse kan benyttes som "byggesten").

$$1 \cdot 7 = 7$$

$$\frac{1}{7} \cdot 7 = 1$$

$$\frac{1}{14} \cdot 7 = \frac{1}{2}$$

$$\frac{1}{28} \cdot 7 = \frac{1}{4}$$

$$\frac{1}{2} \cdot 7 = 3 + \frac{1}{2}$$

$$\frac{1}{4} \cdot 7 = 1 + \frac{1}{2} + \frac{1}{4}$$

Opgave 1B19
Dan ethvert af tallene 2/5, 3/5 og 4/5 som sum af forskellige stambrøker ved en lignende systematisk fremgangsmåde som i Opgave 1B18.

Opgave 1B20
Dan ethvert af tallene 2/11, 3/11 4/11, 5/11, 6/11, 7/11, 8/11, 9/11 og 10/11 som sum af forskellige stambrøker ved en lignende systematisk fremgangsmåde som i Opgave 1B18.

Opgave 1B21
Dan ethvert af tallene 2/10, 3/10, 4/10, …, 9/10 som sum af forskellige stambrøker ved en lignende systematisk fremgangsmåde som i Opgave 1B18. Sammenlign til sidst dine svar med de svar, Ahmes giver i Afsnit 12, samt med dine egne besvarelser af Opgaverne 1B8 og 1B9.

C BABYLONIERNE

16 Lidt historie

Det blev allerede omtalt i Afsnit 6, at den første mesopotamiske højkultur var sumerisk. Men mens magten i Ægypten allerede fra den historiske tids begyndelse var koncentreret hos faraoen, så var der endnu ikke tale om nogen egentlig statsdannelse i Mesopotamien. Ganske vist var Uruk den største by og såvel magtens som kulturens centrum, men andre storbyer – i første omgang Kish og senere Ur, Lagash og Umma – skulle snart gøre Uruk rangen stridig.

Semitten Sargon, der levede i 2300-tallet f.Kr. og tilhørte et beduinfolk, akkaderne, var den første, der samlede hele Mesopotamien. Med ham startede en godt hundredårig periode med fred og velstand, som var af stor betydning for den mesopotamiske kulturs udvikling.

Den akkadiske stormagt gik dog snart i opløsning under indre magtkampe, og magten gled efterhånden over til sumeriske herskere med basis i Ur, og fra omkring 2150 f.Kr. fulgte en ny fremgangsperiode, hvor der bl.a. indførtes en standardisering af vægt- og længdemål. Endvidere reviderede man den benyttede månekalender; den gamle kalender inddelte et år i 12 måneder, hver på 29-30 døgn, og den var naturligvis kommet uhjælpeligt ud af takt med årstiderne. Nu indførtes en skudmåned hvert andet eller tredje år, og derved lykkedes det stort set at få et måneår til at falde sammen med et solår. Fra denne tid er fundet et stort antal lertavler med kvitteringer, vare- og personregistre, statistikker af forskellig art, skøder, forhørsprotokoller, retsafgørelser, officielle breve, osv., herunder en del med matematisk indhold. Efter ca. 100 år gik denne – den sidste sumerisk dominerede – statsdannelse i opløsning som offer for især amorittiske fjender.

Amoritterne var et semittisk folk, splittet op i adskillige stammer [en af disse var formodentlig jødernes forfædre]. Efter lang tids indbyrdes rivaliseren mellem forskellige amoritterledere lykkedes det omkring år 1850 f.Kr. den navnkundige Hammurabi, hvis stamme 100 år tidligere havde erobret den på det tidspunkt ganske lille by Babylon ved Eufrat, at besejre sine modstandere og gøre sig til enehersker i Mesopotamien. I hans og hans efterkommeres tid blomstrede litteratur og videnskab, ikke mindst matematikken. Det tidligere så splittede land udgjorde efterhånden en sammensvejset nation, og dets mange, tidligere så uenige, folkeslag blev i den øvrige verden opfattet som ét folk, *babylonierne*. Også i århundrederne efter at hittiterne i 1650 f.Kr. indtog Babylon ved et lynangreb, beherskedes kulturlivet i Mellemøsten fuldstændigt af babylonierne.

Fra Hammurabi-perioden stammer den næste store bølge af fundne lertavler. Ligeledes er der fra Nebudkanezars regeringstid omkring år 600 f.Kr. og fra de følgende tre århundreder fundet mange lertavler. Alt i alt har man fundet over en halv million lertavler; mange af disse er slet ikke blevet læst/tydet endnu, men af de læste handler ca. 300 om matematik, og ca. 200 af disse er diverse tabeller.

Trods mange omskiftelser var det først i 539 f.Kr., hvor Babylon tog imod den persiske hersker Kyros og underkastede sig hans overherredømme, at det afgørende vendepunkt indtraf. Fra da af gik den mesopotamiske kultur en langsom undergang i møde. Alexander den Store, som i 331 f.Kr. sejrede over perserne, havde faktisk til hensigt at gøre Babylon til sin hovedstad; men sådan gik det som bekendt ikke. Og ganske vist blev bl.a. de babyloniske matematikeres skrifter oversat til græsk; men den babyloniske kulturs kraft var da for længst blevet afgørende svækket, og resultatet af makedonervældet blev landets næsten fuldstændige hellenisering.

17 Et positionssystem

Allerede de ældste lertavler fra den sidste sumeriske storhedsperiode omkring 2100 f.Kr. vidner om en veludviklet regnekunst. Som de første i verden benyttede sumererne et *positionssystem*, om end med visse mangler. Som vi har set, betegnede ægypterne hver højere potens af deres grundtal ti med et nyt symbol. Sumererne brugte derimod det samme symbol for højere – og lavere(!) – potenser af deres grundtal *tres*, idet symbolets værdi, som vi skal se, fremgik (delvist) af positionen. Svarende til, at vort talnotationssystem kaldes et *decimalsystem* [fordi grundtallet er ti, og ti på latin hedder *decem*], omtales babyloniernes talnotationssystem som et *sexagesimalsystem*.

Lad os se nærmere på dette system. Man benyttede kun to symboler, et for *en* og et for *ti* [som derved blev en slags hjælpegrundtal]. Disse blev præget ind i vådt ler med en og samme pren, blot holdt på forskellig måde, og de fremkomne fordybninger, *kileskrifttegn*, så ud nogenlunde som vist i Figur 18.

Bog 1 Elementer fra tallenes og algebraens historie C BABYLONIERNE

Figur 18

Ved hjælp af disse angav man tal fra 1 til 59. Eksempelvis blev 38 skrevet sådan:

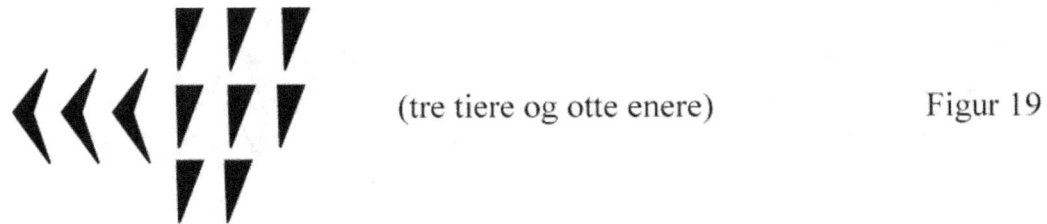

(tre tiere og otte enere) Figur 19

Og ville man angive 338, skrev man sådan:

(fem tressere, tre tiere og otte enere) Figur 20

Imidlertid kunne Figur 19 også betyde fx 38·60 eller 38·1/60. Det måtte fremgå af sammenhængen, hvilken potens af 60, der var tale om. I Figur 20 er først angivet tallet 5, der kan tolkes som 5·60, og dernæst 38, der kan tolkes som 38·1. Imidlertid ville Figur 20 også kunne tolkes som eksempelvis $5·60^2 + 38·60$ eller $5·1 + 38·1/60$ – eller endda som $5·60 + 38·1/60$. Som det fremgår heraf, manglede man dels et tegn – svarende til vort decimalkomma – til at præcisere, hvor *enerne* var placeret, og dels et tegn som symbol for *tom plads* – svarende til vort *nul* – til at give udtryk for, at en "mellemliggende potens" af grundtallet *tres* ikke skulle optræde.

18 Regning
Hvis hovedformålet var talgengivelse, så ville det ægyptiske notationssystem være at foretrække på grund af dets utvetydighed. Men som vi skal se,

er det betydeligt lettere at udføre beregninger – især division – med sumerernes/babyloniernes positionssystem.

For det første volder addition og subtraktion ikke problemer. Her kan man for den enkelte position/plads gå frem på samme måde som ægypterne, og for overgang mellem to nabopositioner/-pladser med overføring, henholdsvis lån, ligeså. Lad os tage et par eksempler. Addition af

Figur 21

ses let at give

Figur 22

Og subtraktion af

Figur 23

ses let at give

Bog 1 Elementer fra tallenes og algebraens historie C BABYLONIERNE

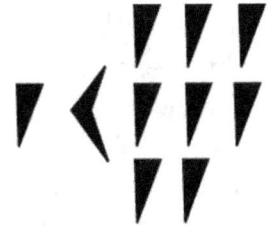

Figur 24

For multiplikationens vedkommende er der den vanskelighed, at hvad der svarer til den lille gangetabel – som i vort talnotationssystem rummes i et skema med ti rækker og ti søjler – i babyloniernes talnotationssystem kræver et skema med tres rækker og tres søjler! Der er derfor ikke noget at sige til, at babylonierne – i stedet for en "lille" gangetabel – havde multiplikationstavler, hver med multipla af ét enkelt tal.

Figur 25 viser for- og bagside af en fundet *nitabel*. I det hele taget benyttede man i udstrakt grad tabeller; disse var først og fremmest multiplikations- og reciproktabeller, men man har også fundet potenstabeller [der ved omvendt brug anvendtes som kvadratrods- og kubikrodstabeller], og fra Hammurabi-perioden tillige eksponentialtabeller [der ved omvendt brug også anvendtes som logaritmetabeller].

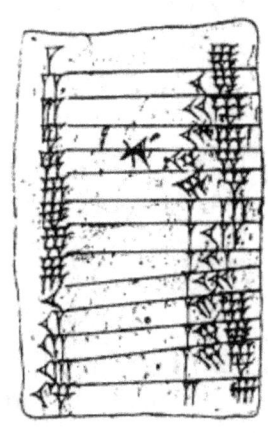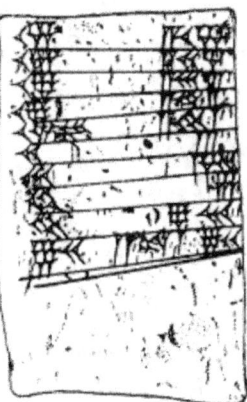

Figur 25

Det har naturligvis været et stort arbejde at udarbejde alle de nødvendige gangetabeller; men da multiplikation jo er gentagen addition, har det ikke været noget vanskeligt arbejde.

I det følgende vil jeg afstå fra at benytte kileskrifttegn og i stedet anvende en af Otto Neugebauer [jf. Afsnit 7] foreslået notation, ifølge hvilken eksempelvis tallene $5 \cdot 60^2 + 38 \cdot 60$, $5 \cdot 1 + 38 \cdot 1/60$ og $5 \cdot 60 + 38 \cdot 1/60$ noteres henholdsvis

$$5,38,0 \qquad 5;38 \qquad \text{og} \qquad 5,0;38. \tag{1}$$

Lad os gengive en fundet reciproktabel med reciprokke til tal mellem 1 og 81 inklusive, og hvor der kun er anført reciprokke til tal, hvis eneste primtalsdivisorer er 2, 3 og 5 [altså netop primtalsdivisorerne i grundtallet *tres* – reciprokke til tal med andre primtalsdivisorer ville give uendelige sexagesimalbrøker, hvilket babylonierne utvivlsomt vidste]. Af pladshensyn udelader vi Neugebauers sexagesimalsemikolon – det stemmer jo i øvrigt også bedst overens med originaltavlen.

Figur 26

1:2 = 30	1:16 = 3 , 45	1:45 = 1 , 20
1:3 = 20	1:18 = 3 , 20	1:48 = 1 , 15
1:4 = 15	1:20 = 3	1:50 = 1 , 12
1:5 = 12	1:24 = 2 , 30	1:54 = 1 , 6 , 40
1:6 = 10	1:25 = 2 , 24	1:1 = 1
1:8 = 7 , 30	1:27 = 2 , 13 , 20	1:1,4 = 56 , 15
1:9 = 6 , 40	1:30 = 2	1:1,12 = 50
1:10 = 6	1:32 = 1 , 52 , 30	1:1,15 = 48
1:12 = 5	1:36 = 1 , 40	1:1,20 = 45
1:15 = 4	1:40 = 1 , 30	1:1,21 = 44 , 26

[hvor eksempelvis 1,4 og 1,21 (til venstre for lighedstegn i den sidste kolonne) står for henholdsvis 64 og 81; og 56,15 og 44,26 (til højre for lighedstegnene) står for henholdsvis 0;0, 56,15, dvs. $56/60^2+15/60^3$, og 0;0,44,26, dvs. for $44/60^2+26/60^3$]. Hvordan mon man bestemte eksempelvis 1:18? Formodentlig analogt med, hvordan vi dividerer et tal med et større tal i vort decimalsystem. Altså efter nogenlunde følgende mønster [naturligvis med deres talnotation]: 1 er lig med $60·1/60$; og da 60 er $3·18 + 6$, har vi, at 1:18 er lig med $3·1/60 + (6·1/60):18$. Da $6·1/60$ er lig med $360·1/60^2$; og da 360 er $20·18$, har vi, at $(6·1/60):18$ er lig med $20·1/60^2$. Alt i alt har vi derfor, at 1:18 er lig med $3·1/60 + 20·1/60^2$, dvs. lig med 0;3,20.

Selv om vi ikke kender den, så har man utvivlsomt [i modsætning til ægypterne] rådet over en standardfremgangsmåde til udførelse af division. Og denne metode har ikke alene kunnet anvendes, når 1 skulle divideres med et tal, men generelt. Det var dog ikke nødvendigt at udarbejde generelle divisionstabeller – man kunne anvende sine reciprok- og multiplikationstabeller. Fx kan 7:18 udregnes som 7 gange 1:18, dvs. som 7 gange 0;3,20, og er altså lig med 0;23,20 [idet 7 gange 20 jo er 2 gange 60 plus 20].

Vi bemærker også, at hvis en division ikke går op, så kan man fortsætte divisionen så langt, man har lyst. På den måde bestemte man gode tilnærmelsesværdier. Eksempelvis har man på en lertavle fra samme tidsperiode fundet en reciproktabel for alle tallene mellem 40 og 80. En bid af den ser sådan ud [idet vi på ny ser bort fra en faktor, som er en potens af 60]:

1:59	1 , 1 , 1
1:1	1
1:1,1	59 , 0 , 59
1:1,2	58 , 3 , 52

Lad os prøve at udføre divisionen 1 : 1,2 ved vor almindelige divisionsalgoritme. Her skal vi være opmærksomme på, at det at "føre 0 ned", som i vort decimalsystem svarer til at gange med 10, i sexagesimalsystemet svarer til at gange med 60.

```
            0 ; 58 , 3 , 52                    (2)
     1,2 ⌐ 1
           0
           ──
           60
           59 , 56
           ───────
                4
                3 , 6
                ─────
                   54
                   53 , 44
                   ───────
                        16    [denne rest bortkastes].
```

19 Mere avanceret matematik

På de lertavler, man har fundet fra Hammurabi-perioden, er alle matematiske udtryk af sumerisk oprindelse; dvs. tidens matematik kan spores tilbage til sumererne. Men først her fra gammelbabylonisk tid har man fundet mere komplicerede matematiske tekster. Disse viser i øvrigt, at mange af de matematiske opdagelser, som eftertiden har givet grækerne æren for, i virkeligheden var gjort århundreder – om ikke årtusinder – tidligere i Mesopotamien. Og mens babylonierne altså regnede med sexagesimalbrøker, skal vi se, at det varede meget længe, før andre for alvor fandt på at gøre noget tilsvarende. Ja, egentlig blev babylonierne på dette område ikke overgået før end i 1585 e.Kr. [jf. Afsnit 62 – dog måske med kineserne som en undtagelse]!

Som nævnt lavede man også kvadrat- og kubiktabeller, samt benyttede disse til omvendt at aflæse kvadrat- og kubikrødder. Man udarbejdede dog også på grundlag af kvadrat- og kubiktabellerne rigtige kvadratrods- og kubikrodstabeller. Kvadrattavlerne og kvadratrodstavlerne blev utvivlsomt brugt i forbindelse med løsning af andengradsligninger. Kubiktavlerne og kubikrodstavlerne – tillige med tabeller over værdier af udtryk som fx $n^3 + n^2$ – blev formodentlig også brugt til løsning af visse tredjegradsligninger; man havde eksempelvis brug for sådanne tabeller samt for eksponential- og logaritmetabeller ved rentesregning.

Ved hjælp af en kvadratrodstabel som omtalt kunne man dog kun aflæse kvadratroden af visse tal samt skønne over værdien for "mellemliggende" tal. Imidlertid havde babylonierne øjensynligt en metode til udregning af kvadratrødder.

Ifølge [11, side 150] kan deres metode med vort moderne symbolsprog gengives sådan: Lad os sige, at vi skal bestemme kvadratroden af et tal b. Vi gætter [eventuelt ved at se i en tabel] på en kandidat a, hvor a^2 ikke afviger ret meget fra b. Lad os sige, at $b = a^2 + d$ [hvor d er et lille, positivt eller negativt, tal]. Vi prøver dernæst at bestemme et tal y, så $(a + y)^2 = b$ [= $a^2 + d$], dvs. så $2ay + y^2 = d$ [se eventuelt Bog 2, Afsnit 8]. Idet y jo forudsættes at være lille i forhold til a, ser vi bort fra leddet y^2. Med andre ord vælger vi at sætte y lig med $d/2a$. Som ny kandidat i stedet for a til at være en god tilnærmelse for kvadratroden af b benytter vi altså $a + d/2a$. Hvis vi ikke er tilfredse endnu, kan vi gentage proceduren, denne gang udgående fra kandidaten $a + d/2a$ [i stedet for a].

I [19, side 93] mener man derimod, at babyloniernes metode faktisk svarer til, hvad vi nu kalder *Newton-Raphsons metode* [Newton omtales nærmere i Bog 3, Afsnit 39]. Hvis opgaven lyder som ovenfor, så kan metoden [med moderne symbolik] beskrives sådan: Vælg et passende a. Lad c være fastlagt ved $c = b/a$. Tag middeltallet af a og c, dvs. $(a + c)/2$. Gentag eventuelt proceduren med dette middeltal i stedet for a; osv.

Hvorom alting er, så har man fundet en lertavle, som viser et kvadrat med sine diagonaler. På en af siderne er tallet 30 angivet, på en af diagonalerne tallet 42 , 25 , 35. Endvidere er tallet 1 , 24 , 51 , 10 anført.

Figur 27

Disse tal tolker vi sådan: Siden i kvadratet er 30 [længdeenheder] og diagonalen 42;25,35. Forholdet mellem diagonallængden og sidelængden kan så findes at være [med tre sexagesimaler] 1;24,51,10. Vi ved fra Pythagoras' sætning, at forholdet mellem diagonalen og siden i et kvadrat er kvadratroden af 2, og at kvadratroden af 2 [udtrykt i vort decimalsystem] er 1,41421296.... En kontrol viser, at babyloniernes tal 1;24,51,10 afviger fra kvadratroden af 2 med mindre end 0,0000005. Heraf [og af flere andre indicier] slutter vi, dels at babylonierne må have kendt Pythagoras' sætning [mere end 1000 år før Pythagoras blev født!], og dels at de havde en metode til uddragning af kvadratrødder.

Hvis man vælger 3/2 som en første tilnærmelse til kvadratroden af 2, så fører begge de to ovennævnte metoder frem til babyloniernes fremragende tilnærmelsesværdi. Men vi har som sagt ingen sikker viden om, hvordan deres metode var.

At sidelængden i kvadratet var valgt som netop 30, er måske ikke helt tilfældigt. Efter den i Afsnit 16 omtalte standardisering af deres længdemål var enhederne som følger: 1 beru = 30 ush, 1 ush = 60 nindan, 1 nindan = 12 kush, 1 kush = 30 shu-si, 1 shu-si = 6 shi. Måske hænger valget af *tres* som grundtal [i stedet for som hos de fleste andre kulturfolk *ti*] sammen med dette valg af længdeenheder; 60 er jo [det mindste] fælles multiplum af alle de nævnte tal. Og måske kan det alt sammen føres tilbage til det faktum, at 60 er produkt af mange små primtal – tænk på den lettelse det giver for udarbejdelse af reciproktabeller.

Bog 1 Elementer fra tallenes og algebraens historie   C BABYLONIERNE

20 Et eksempel

Nogle af lertavlerne fra gammelbabylonisk tid indeholder omfattende opgavesamlinger med tilhørende løsninger, som kræver en veludviklet matematisk tankegang. En af disse opgaver og dens løsning lyder nogenlunde sådan; først opgaven:

> Jeg har multipliceret længde og bredde og således fået et areal. Derefter har jeg til arealet adderet overskuddet af længden og bredden; 3 , 3 blev resultatet. Desuden har jeg adderet længden og bredden og fået 27. Hvad er længden, bredden og arealet?

Og løsningen er som følger:

Adder 3 , 3 og 27. Resultat 3 , 30. (3)

Adder 2 og 27. Resultat 29. (4)

Tag det halve af 29. Resultat 14 , 30. (5)

Multiplicer 14 , 30 med 14 , 30. Resultat 3 , 30 , 15. (6)

Subtraher 3 , 30 fra 3 , 30 , 15. Resultat 15. (7)

Tag kvadratroden af 15. Resultat 30. (8)

Adder 14 , 30 og 30. Resultat 15. Længden er 15. (9)

Subtraher 0 ; 30 fra 14 ; 30. Resultat 14. Bredden er 14. (10)

Subtraher de 2, som blev lagt til 27, fra 14 (bredden).

Resultat 12. Den søgte bredde er 12. (11)

Multiplicer 15 [længden] med 12 [bredden]. Resultat 3 , 00.

Arealet er 3 , 0. (12)

$15 - 12 = 3$. (13)

$3 , 0 + 3 = 3 , 3$.   Slut. (14)

Lad os se, om vi – med vort algebraiske symbolsprog – kan udrede, hvad der sker her! Vi kalder størrelserne længde og bredde henholdsvis a og b; arealet er følgelig $a \cdot b$. Ifølge oplysningerne gælder da, idet vi sætter sexagesimalsemikolon passende, at

$$a \cdot b + (a - b) = 3 , 3 \qquad \text{og} \qquad a + b = 27.$$

Vi følger den babyloniske løsning og finder nu, at [jf. (3), idet vi udnytter, at $a + b + 2 = 29$ ifølge (4)]

$$3,30 = 3,3 + 27 = a \cdot b + 2 \cdot a = (b + 2) \cdot a = (29 - a) \cdot a = 29 \cdot a - a^2,$$

dvs. at

$$a^2 - 29 \cdot a + 3,30 = 0.$$

Vi har altså fået omskrevet problemet til at løse en andengradsligning, og det havde babylonierne en standardprocedure til. Denne svarer til vor formel [jf. Bog 2, Afsnit 19]:

$a = 14;30 \pm \sqrt{14;30^2 - 3,30}$ [ifølge (5) (og (6)]

$= 14;30 \pm \sqrt{3,30;15 - 3,30}$ [ifølge (6)]

$= 14;30 \pm \sqrt{0;15}$ [ifølge (7)]

$= 14;30 \pm 0;30$ [ifølge (8), idet jo $\sqrt{1/4} = 1/2$].

Den ene brugbare værdi for a er altså 15 [jf. (9)], og den anden brugbare værdi er 14 [jf. (10)]. Idet det naturligvis er underforstået, at længden er større end bredden, sluttede babylonierne, at

$$a = 15 \quad \text{og} \quad b + 2 = 14,$$

dvs. at [jf. (11)] $b = 12$. [Bemærk, at også $a = 14$ og $b = 13$ er løsning.]

I (12) bestemmes arealet: $ab = 15 \cdot 12 = 3,0$. Og i (13) og (14) kontrolleres, at de fundne resultater er i overensstemmelse med det givne. Overskuddet af længden over bredden er $15 - 12$, dvs. 3; og arealet plus dette overskud er $3,0 + 3 = 3,3$.

Den måde, babylonierne løste ovenstående opgave på, er typisk for al den matematik, man har fundet før grækernes entre på scenen. Ingen steder finder man forsøg på at give begrundelser/beviser. Der gives kun en beskrivelse af fremgangsmåden på receptform: "Gør sådan og sådan". Men imponerende er det. Mens ægypterne kun kunne løse førstegradsligninger, beherskede babylonierne løsning af andengradsligninger og kunne endda løse visse tredjegradsligninger og fjerdegradsligninger.

21 Hvorfor løse andengradsligninger?

Andengradsligningen i eksemplet i Afsnit 20 var fremkommet på kunstig måde. Men hvorfor mon babylonierne løste andengradsligninger? Jo, der fandtes faktisk behov for det hos babyloniske købmænd! De solgte nemlig sædvanligvis på grønttorvsmanér a la: "Her er 8 bananer for en tier", altså i antal vareenheder pr. møntenhed – og ikke som vi normalt gør: i møntenheder pr. vareenhed.

Eksempel 1

En købmand regner med en bestemt dag at sælge 120 sække korn. Han beslutter, at forskellen i købspris og salgspris skal være på 2 sække pr. shekel, og tænker: "Hvor meget kan jeg betale leverandøren [i sække pr. shekel], hvis jeg vil tjene i alt 10 shekel?"

Her er en nutidig løsning af opgaven, som viser, hvordan en andengradsligning kan dukke op i den betragtede situation: Lad x være indkøbsprisen i sække pr. shekel; dvs. købmanden modtager x sække fra sin leverandør for hver shekel, han betaler. For 120 sække betaler han altså $120/x$ shekel. Købmandens indkøbspris er med andre ord $120/x$ shekel. Når købmanden sælger sækkene videre, så får køberen kun $x - 2$ sække pr. shekel. Den samlede salgspris for de 120 sække er derfor $120/(x - 2)$.

Da købmanden vil have en fortjeneste på 10 shekel, kan vi til bestemmelse af x opstille følgende ligning [salgspris minus købspris er lig med fortjeneste]:

$$\frac{120}{x-2} - \frac{120}{x} = 10, \qquad (15)$$

som [ved multiplikation med $x \cdot (x - 2)$] kan omskrives til andengradsligningen $120 \cdot x - 120 \cdot (x - 2) = 10 \cdot x \cdot (x - 2)$, som kan omskrives videre til

$$x^2 - 2 \cdot x - 24 = 0. \qquad (16)$$

Denne har 6 som eneste positive løsning [vi løser (15) – og dermed (16) – omhyggeligt i Bog 2, Afsnit 16].

Altså vil købmanden betale 6 sække pr. shekel og sælge videre for 4 sække pr. shekel. Så betaler han 20 shekel for de 120 sække, sælger dem igen for 30 shekel, og har altså tjent netop 10 shekel. ∎

22 Plimpton 322

Den mest berømte af de fundne lertavler stammer også fra Hammurabi-perioden og kaldes *Plimpton 322* [se foto i Figur 28]. Som det ses, er tavlen beskadiget, især for første søjles vedkommende. Efterfølgende har jeg med Neugebauers notation gengivet tavlen, som den nok skulle være, dog er søjle nummer to fra højre ikke medtaget; mine søjleoverskrifter HVAD, y og z omtales "om lidt".

Figur 28

Figur 29

HVAD	y	z	
15	1,59	2,49	1
58,14,50,6,15	56,7	1,20,25	2
1,15,33,45	1,16,41	1,50,49	3
5 29,32,52,16	3,31,49	5,9,1	4
48,54, 1,40	1,5	1,37	5
47, 6,41,40	5,19	8,1	6
43,11,56,28,26,40	38,11	59,1	7
41,33,59, 3,45	13,19	20,49	8
38,33,36,36	8,1	12,49	9
35,10,2,28,27,24,26,40	1,22,41	2,16,1	10

Bog 1 Elementer fra tallenes og algebraens historie   C BABYLONIERNE

33,45	45	1,15	11
29,21,54,2,15	27,9	48,49	12
27, 3,45	2,41	4,49	13
25,48,51,35,6,40	29,31	53,49	14
23,13,46,40	56	1,46	15

Sidste søjle i tabellen angiver tydeligvis rækkenummeret. Nedenfor har jeg gengivet tavlen med vor sædvanlige talnotation, idet jeg dog har erstattet første søjle, som ikke er fuldstændig, med en anden.

$x=\sqrt{z^2-y^2}$	y	z	Figur 30
120	119	169	1
3456	3367	4825	2
4800	4601	6649	3
13500	12709	18541	4
72	65	97	5
360	319	481	6
2700	2291	3541	7
960	799	1249	8
600	481	769	9
6480	4961	8161	10
60	45	75	11
2400	1679	2929	12
240	161	289	13
2700	1771	3229	14
90	56	106	15

Søjlen mærket x findes ikke på tavlen; men der er tydeligvis knækket et stykke af tavlens venstre side. Det er bemærkelsesværdigt, at det for alle tallene y og z – og disse står jo i tabellen – gælder, at $z^2 - y^2$ er et kvadrattal. Det er med andre ord sådan [ifølge den omvendte sætning til Pythagoras' sætning], at x, y og z i alle 15 tilfælde er de to kateter samt hypotenusen i en retvinklet trekant med heltallige sider. Et sæt af tre sådanne tal kaldes nu om stunder et *pythagoræisk tripel* [jf. Bog 1, Afsnit 41].

Ydermere er det sådan, at x'erne alle sammen kun har 2, 3 og 5 som primtalsdivisorer; dvs. at de reciprokke tal til alle x'erne har endelige sexagesimalbrøker!

Og hvad med søjlen, jeg har mærket HVAD [som næsten komplet er med på tavlen]? Hvad har den med de øvrige søjler at gøre? Ja, lad os forudsætte, at det er underforstået, at alle leddene i denne søjle skal have "1;" foran det, der står [eksempelvis, at det sidste tal i søjlen skal være 1;23,13,46,40]. Så viser det sig, at ethvert af de på den måde fremkomne tal i søjlen er $(z/x)^2$ [for det z, der står i den tilsvarende række, og det x, der hører til], og som altså har den anførte endelige sexagesimalbrøk.

Forskerne er ikke enige om, hvad der har stået på den afbrækkede del af tavlen, eller hvad tavlen blev brugt til. For det er vel ikke bare af interesse for talteori, den er lavet – eller hvad?!

23 Retorisk algebra

Ligninger og metoder blev altid formuleret udelukkende i ord, altså uden brug af forkortelser eller særlige matematiske symboler – der var tale om, hvad nogle kalder *retorisk algebra*[15]. En u(be)kendt størrelse blev ofte kaldt *side* [i et kvadrat eller rektangel], og dens kvadrat blev kaldt *kvadrat*. Når der optrådte to ubekendte, så blev de sædvanligvis kaldt *længde* og *bredde*, og deres produkt *areal*. Ved tre ubekendte kaldtes den sidste undertiden *højde*, og produktet af de tre ubekendte *rumfang*. Trods denne geometriske terminologi tøvede babylonierne ikke med at sammenblande ting af forskellig dimension [jf. opgaveteksten i Afsnit 20: "Desuden har jeg til arealet adderet overskuddet af længden og bredden."] Noget sådant kunne grækerne ikke finde på – og helt frem til 1600-tallet e.Kr. var den slags et problem, fordi matematikken var geometrisk orienteret. Babyloniernes matematik var derimod algebraisk orienteret; men (formodentlig) for at lette tanken har de – også i ikke-geometriske situationer – brugt geometriske udtryk for de søgte størrelser.

---

[15] Det græske ord *rhètòr* betyder *taler* eller *lærer i veltalenhed*; men her skal *retorisk algebra* blot forstås som forklaret ovenfor, altså som algebra formuleret udelukkende i sædvanligt sprog.

Opgaver til 1C BABYLONIERNE

I opgaverne 1C1-1C4 nedenfor ønskes facit givet både ved anvendelse af babyloniernes talnotationssystem (dog gerne med eksempelvis E og T som symbol for henholdsvis *en* og *ti*) og ved anvendelse af Neugebauers notation, i de følgende kun ved anvendelse af Neugebauers notation.

Opgave 1C1
Angiv tallene 536, 7002, 14306, 117281 og 3412070.

Opgave 1C2
Udregn 536 + 747 samt 814 − 536 [angiv tallene i kileskrift før udregning].

Opgave 1C3
Udregn såvel 41·68 som 68·41 [angiv tallene i Neugebauers notation før udregning].

Opgave 1C4
Udregn såvel $34 \cdot \left(7 + \frac{1}{2} + \frac{1}{4}\right)$ som $\left(7 + \frac{1}{2} + \frac{1}{4}\right) \cdot 34$ [angiv tallene i Neugebauers notation før udregning].

Opgave 1C5
Kontroller [jf. Figur 26], at 1 : 8 er lig med 0 ; 7 , 30, og at 1 : 27 er lig med 0 ; 2 , 13 , 20.

Opgave 1C6
Udregn 72 divideret med 12 [angiv tallene i Neugebauers notation før udregning].

Opgave 1C7
Udregn 72 divideret med 14 med tre sexagesimaler [angiv tallene i Neugebauers notation før udregning].

Opgave 1C8
Udregn 73 divideret med 14 med tre sexagesimaler [angiv tallene i Neugebauers notation før udregning].

Opgave 1C9
Omskriv decimalbrøken 0,85 til en sexagesimalbrøk.

Opgave 1C10
Omskriv decimalbrøken 0,86 til en sexagesimalbrøk.

Opgave 1C11
Omskriv decimalbrøken 0,867 til en sexagesimalbrøk.

Opgave 1C12
Omskriv sexagesimalbrøkerne 0 ; 24 og 0 ; 39 til decimalbrøker.

Opgave 1C13
Omskriv sexagesimalbrøken 0 ; 25 til en decimalbrøk. Forsøg at give en forklaring på/begrundelse for, at der i dette tilfælde [i modsætning til i Opgave 1C12] fås en uendelig decimalbrøk.

Opgave 1C14
Overvej, om en endelig decimalbrøk altid svarer til en endelig sexagesimalbrøk. Hvis du mener ja, så forsøg at give en forklaring/begrundelse; hvis du mener nej, så forsøg at give et eksempel [på en endelig decimalbrøk, hvis tilsvarende sexagesimalbrøk er uendelig].

Opgave 1C15
Kontroller, at med startværdien $a = 3/2$ fører den først omtalte metode i Afsnit 19 til disse successive tilnærmelsesværdier til kvadratroden af 2: (3/2), 17/12 og 577/408. Angiv den sidstnævnte brøk såvel i decimalnotation som i Neugebauers notation.

Opgave 1C16
Bestem ved hjælp af den i Afsnit 19 omtalte Newton-Raphsons metode for startværdien $a = 3/2$ de tre første tilnærmelsesværdier til kvadratroden af 2 [3/2 er første tilnærmelsesværdi]. Angiv den sidstnævnte tilnærmelsesværdi såvel i decimalnotation som i Neugebauers notation.

Opgave 1C17
En frugtsælger regner med at kunne sælge 180 kasser nektariner på en dag. Men han vil kun købe nektarinerne, hvis han kan regne med en fortjeneste på 1000 kr. [forudsat han får solgt alle 180 kasser]. Han både køber og sælger i antal kasser pr. hundredkroneseddel, og har tænkt sig at sælge 3 kasser mindre pr. hundredkroneseddel, end han selv giver. Hvad er hans indkøbspris i kasser nektariner pr. hundredkroneseddel [hvis alt går som planlagt]?

Opgave 1C18
En gammelbabylonisk opgave lyder nogenlunde sådan:

> Ti brødre arvede 1 ; 40 mina sølv. Den ældste fik lige så meget mere end

den næstældste, som denne fik mere end den tredjeældste, osv. . Den ottende fik 6 shekel. Hvor meget fik de hver?

[Vink: 1 mina er 60 shekel. Beløbene udgør (altså), hvad vi kalder en *differensrække* (jf. Opgave 2C37).]

Opgave 1C19

En gammelbabylonisk opgave lyder nogenlunde sådan:

En stige af længde 30 [længdeenheder] står (lodret) op ad en mur. Hvor langt vil den nederste ende bevæge sig ud, hvis den øverste ende glider 6 [længdeenheder] ned?

[Vink: Babylonierne har jo utvivlsomt kendt Pythagoras' sætning; den må du også gerne anvende.]

Opgave 1C20

En gammelbabylonisk opgave lyder nogenlunde sådan:

En trettendedel af summen af et tal og dets reciprokke tal har jeg ganget med seks og trukket fra tallet; det blev tredive. Hvad er tallet?

[Denne opgave viser, at babylonierne (lige som ægypterne) var i stand til at opfatte tal rent abstrakt; de angiver ikke antallet af et eller andet – tallene er ubenævnte, specielt optræder de slet ikke tillægsagtige, men navneagtige, dvs. som selvstændige objekter.]

Opgave 1C21

Kontroller, at de to første rækker i Figurerne 29 og 30 er i overensstemmelse med teksten i slutningen af Afsnit 22.

D INDERNE

24 Lidt historie

Omtrent samtidig med de tidligste civilisationer i Mesopotamien og Ægypten, dvs. for hen ved 10000 år siden, fandt en kulturdannelse sted i Indusdalen i det nuværende Pakistan [faktisk har Indien fået navn fra floden Indus]. Fra begyndelsen af det tredje årtusind f.Kr. blev påvirkningen fra det mellemøstlige område tydeligere og tydeligere, og fra omkring 2500 f.Kr. voksede velanlagte storbyer på helt op mod 40000 indbyggere frem. Lidt inden da havde man skabt et skriftsystem med ca. 400 tegn, som det desværre endnu ikke er lykkedes at tyde.

Induskulturen blomstrede frem til omkring 1800 f.Kr., hvorefter den sygnede hen. Formodentlig har en stor oversvømmelse været en af årsagerne til kulturens langsomme sammenbrud – den efterlod et tykt lag dynd, som var til stor skade for landbruget. En anden mulig årsag kan have været, at grundvandet steg og ved forsaltning gjorde jorden ufrugtbar. Men livsformen holdt sig helt ind i 1900-tallet, og Induskulturens åndelige arv lever videre i den ældste af verdens store religioner, hinduismen. Religionen har rødder i *Veda-teksterne*[16], som formodentlig er blevet skrevet ned i perioden fra 1000 til 500 f.Kr., men inden da blev overleveret fra mund til mund gennem generationer. Disse religiøst-filosofiske tekster indeholder også den tidligst kendte matematik fra området; bl.a. findes der angivelser af endog meget store tal.

Omkring 250 f.Kr. herskede Ashoka over en stor del af Indien. Vi ved, at ved dekreter fra ham spredtes Kharosthi- og Brahmi-alfabetet, som havde helt forskellige måder at notere tal på. Vi ser nedenfor nærmere på Brahmi-tallene, som er den fjerne forfader til vort talnotationssystem. Det er værd at bemærke, at på Ashokas tid havde den indiske kultur allerede stiftet bekendtskab med den græske – bl.a. havde Alexander den Store jo været der i erobringsøjemed. Og de indiske matematikere lærte utvivlsomt meget af grækerne; men mens de græske matematikere stillede strenge videnskabelige krav til deres arbejds- og erkendelsesmetoder, så var praksis og intuition de fremherskende træk hos inderne.

---

[16] Ordet *veda* betyder *viden*.

Eksempelvis arbejdede inderne [i modsætning til grækerne] ubekymret med negative tal og med *nul*. Men den omstændighed, at negative tal blev sat i forbindelse med gæld, kunne tyde på, at de kun havde mening for inderne i forbindelse med praktisk tolkning. Inderne anerkendte tilsyneladende kun en negativ løsning, når den gav praktisk mening.

Efter Ashokas død sænkede det historiske tusmørke sig på ny. Ca. 300 e.Kr. blev Nordindien samlet under Gupta-dynastiet, og en ny kulturel blomstringstid startede; bl.a. påbegyndtes den såkaldte *Siddhanta-litteratur*, der beskæftiger sig med astronomi og matematik. Man regner med, at i 500-tallet e.Kr. – for øvrigt samtidig med, at Gupta-riget gik i opløsning – ydede inderne det afgørende bidrag til udviklingen af det moderne talnotationssystem.

25 Store tal

I Veda-teksterne omtales som nævnt store tal. Terminologien – i ord, ikke med symboler – strakte sig for potenser af ti helt op til, hvad vi skriver som 10^{53} [en størrelse, der langt overstiger, hvad grækerne (og især romerne) kunne præstere; jf. dog omtalen af Archimedes' *Sandregneren* i slutningen af Afsnit 40], og man var formodentlig klar over, at der kunne fortsættes "i det uendelige". Vi kan herudfra betragte det som sikkert, at der må have eksisteret et talsystem med grundtal *ti*; men vi har ingen egentlig dokumentation, da vi ikke kender skriftlige fund fra denne periode, som kan kaste lys over sagen.

Vi ved heller ikke, hvordan de ældste Brahmi-tal er blevet skrevet. Nedenstående skema [fra 11, side 105] viser, hvordan talsymbolerne så ud på Ashokas tid. Udover at bemærke ligheden med vore talsymboler for specielt *seks* og *syv* er det vigtigt at notere sig dels, at der ikke er noget symbol for *nul*, og dels, at *cifferidéen*[17] endnu ikke er slået igennem: Der er specielle symboler for ti, tyve, tredive, osv., og også for et hundrede, to hundrede, tre hundrede, osv.

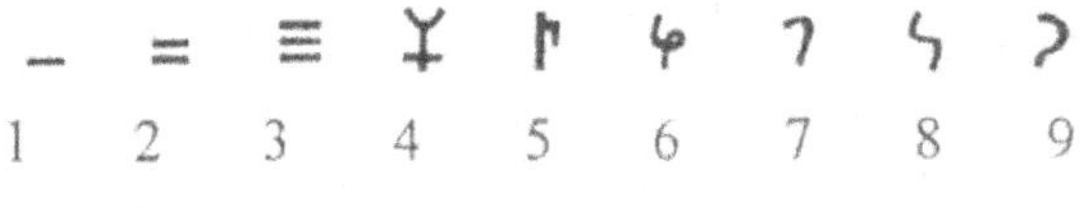

Figur 31

---

[17] Ved hjælp af denne idé i forbindelse med positionsprincippet og benyttelse af et symbol for tom plads kan ethvert (naturligt) tal noteres ved hjælp af symboler for tallene op til (men ikke med) grundtallet. Eksempelvis benytter vi jo udelukkende 0, 1, 2, 3, 4, 5, 6, 7, 8 og 9 til at angive tal.

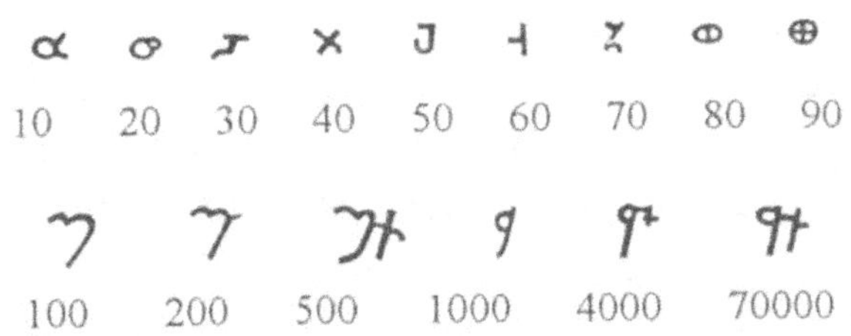

Figur 31
(fortsat)

Men det er meget væsentligt, at man ikke – som hos ægypterne og babylonierne – dannede talnavne ved blot at sammenstille symboler for enheder. Benyttelsen af specielle symboler for hvert af tallene fra *et* til *ni* er helt fundamental for udviklingen af det moderne talnotationssystem. Derimod er de særlige symboler for *ti*, *tyve*, osv. en forhindring på vejen, både mod hvad vi kalder et *ciffersystem*, og mod hvad vi kalder et *positionssystem* eller et *pladsværdisystem*.

Udviklingen frem til et fuldendt cifreret positionssystem fandt sandsynligvis sted i løbet af 500-tallet e.Kr. Vi ved ikke præcis, hvordan det er sket – ikke engang, om æren bør tilskrives inderne alene. Lad os imidlertid se på nogle kendsgerninger.

Inden for astronomien, hvor man i Indien var særdeles aktiv i tidsrummet 490-630, arbejdede man med store tal, og derfor var et godt talnotationssystem næsten en nødvendighed. Inderne kendte babyloniernes sexagesimalsystem og kan meget vel tænkes ved analogi at have dannet deres eget talnotationssystem med *ti* som grundtal. De kendte også græsk astronomi og talnotation. Og den græske astronom Ptolemaios, der virkede i Alexandria omkring 150 e.Kr., benyttede i sine tabeller en lille cirkel [som han måske benyttede, fordi det græske ord *ouden* for *ingenting* begynder med *o*] til at markere fravær af grader, minutter og sekunder. Selv om Ptolemaios skrev sine tal i et sexagesimalsystem med græske bogstaver [jf. Afsnit 40], så kan det tænkes, at inderne fik idéen herfra. I hvert fald siden 400-tallet e.Kr. har inderne brugt ordet *sunya*[18], som betyder *tom*, for *nul*.

---

[18] Ordet *sunya* blev på arabisk oversat til (al-)*sifr*, som senere er blevet til vort *ciffer*. Det er pudsigt, at dette ord, som altså oprindeligt blev knyttet alene til det kontroversielle *nul* (var det et tal eller ej?), nu er blevet fællesbetegnelse for alle ti grundsymboler i vort talnotationssystem. En af betydningerne af det engelske ord *cipher* er i øvrigt stadig *nul*.

26 Regnebræt og talnotation

Til udregninger benyttede inderne en type regnebræt, som var dækket af et fint lag sand, i hvilket man noterede sine tal og foretog sine udregninger. Som vi skal se senere i dette kapitel, var de benyttede beregningsmetoder sådan, at man ofte udviskede/overstregede cifre. Derved kom man formodentlig også let til at udviske de i sandet tegnede afgrænsninger for, hvor enere, tiere, hundreder, osv. skulle noteres. Nåede man eksempelvis frem til 306 [som mellemfacit ved en udregning], kunne der tænkes at være behov for en markering til at tydeliggøre [af hensyn til det fortsatte arbejde], at der ingen tiere var. Skridtet er kort fra en sådan repræsentation til at notere noget i stil med 306.

Vi kan tidsfæste den indiske astronom Aryabhata til omkring 500 e.Kr. Han indførte en notation, som ikke var positionel, men dog tæt på, og en af hans udtalelser: "Fra plads til plads er hver ti gange den foregående" tyder da også på, at positionsidéen var i hans tanker.

I hans notation blev talnavne skrevet som stavelser efter følgende principper: Stavelser, som indeholdt vokalen *a*, indikerede enere og "for så vidt" tiere [jf. eksempel lige nedenfor], stavelser med vokalen *e* hundreder og "for så vidt" tusinder, stavelser med vokalen *i* multipla af 10^4 og "for så vidt" 10^5, osv. I sanskrit er der ni vokaler; så vokalerne kunne benyttes til at skrive tal op til multipla af 10^{16} og 10^{17}. Hvis der blev brug for højere potenser af 10 end 10^{17}, så kunne man starte forfra igen, sagde Aryabhata. I sit talnotationssystem havde han ikke behov for noget symbol for *nul*.

Konsonanterne blev benyttet til at angive, hvor mange enere, tiere, hundreder, tusinder, osv. man skulle tage. Med nogle af konsonanterne angav Aryabhata tallene fra en op til femogtyve, med resten tallene tredive, fyrre, ..., halvfems, hundrede.

Eksempelvis betød udtrykket *cayageyenisisoco* [i vor talnotation] 670753336. Forklaring: Aryabhata delte op i par bagfra, dvs. svarende til 6 70 75 33 36, og startede med at angive enere, så tiere, osv. Således står *caya* for 6 enere og 30 enere, *geye* for 3 hundreder og 30 hundreder, *nisi* for 5 titusinder og 70 titusinder, *soco* for 7 "timillioner" og 6 for "hundredmillioner". Det skal bemærkes, at Aryabhatas alfabet naturligvis ikke var identisk med vort; så ovenstående gengivelse må ikke tages for mere end en antydning [bl.a. har jeg benyttet vore bogstaver, og bogstavet *y* ovenfor står åbenbart for en "indisk konsonant"].

Som det fremgår, var der ikke tale om noget positionssystem. Og at Aryabhata indførte et så kompliceret system kan tages som tegn på, at der på hans tid ikke eksisterede noget positionssystem. Med hans system var det forholdsvis lidt pladskrævende at notere store tal. Men det havde den ulempe, at det sjældent faldt mundret at udtale hans talsymboler "i stavelser"; man måtte formodentlig ty til at remse bogstaverne op.

Aryabhatas elev, Bhaskara, knyttede flere forskellige konsonanter til hvert af tallene fra *et* til *ni*, og også til *tom plads* [i det sidste tilfælde lod han dog ofte vokalen for den pågældende tierpotens stå alene]. Herved opnåede han – idet der frit kunne vælges mellem konsonanterne, som var knyttet til et af disse tal – at talsymbolerne kunne udtales mundret "i stavelser". Og at konsonanterne slap op allerede ved *ni*, var langt fra uheldigt (og nok heller ikke tilfældigt!) – derved kom han et stort skridt nærmere mod et decimalt positionssystem. Eksempelvis skrev han (og kunne udtale) 644 som *bha-va-ti* [fire enere, fire tiere, seks hundreder]. Bemærk, at *bh* og *v* begge står for *fire*; *va* betyder altså ikke fyrre enere, men i kraft af sin position i udtrykket fire tiere.

Der kom adskillige varianter af dette system; et af dem blev endnu mere populært end Bhaskaras system. I dette blev individuelle cifre udtrykt ved ord, og opfindsomheden var stor. I stedet for *en* kunne man sige fx *måne* eller *sol* [fordi der kun er én måne og kun én sol]; i stedet for *to* kunne man sige *øjne* eller *arme* eller *vinger*, osv.; i stedet for *tre* kunne man fx sige *brødre* [fordi guden Rama havde tre brødre] eller *ild* [det var også begrundet i indernes mytologi], osv.; i stedet for *fem* kunne man sige *sanser* eller *pile* [fordi kærlighedsguden Kamadeva havde fem pile]. I dette poetiske talnotationssprog kunne 867 eksempelvis skrives og udtales *bjerge-lugte-guder*, svarende til syv enere, seks tiere, otte hundreder. Et ord, som betød *hul*, blev indsat for at angive en tom plads; fx kunne 1021 blive til *sol-vinger-hul-måne* [idet vi husker, at rækkefølgen var den modsatte af vor]. På den måde kunne elever af astronomerne [formodentlig ved at indflette nogle "uskadelige" fyldord] lære en hel [fx sinus-] tabel udenad i versform. Det ældste kendte sådanne tabelværk er *Surya-Siddhanta*; titlen giver udtryk for, at indholdet var åbenbaret af solguden Surya selv. En tidlig version af dette værk eksisterede allerede omkring 530 e.Kr.

27 Titalsystemet

Omkring 550 e.Kr. gik man over til at ændre rækkefølgen, så enerne kom til at stå længst til højre, tierne næstlængst, osv. Endvidere indførte man nye symboler – *cifre* [jf. Fodnoterne 17 og 18] – for tallene fra *et* til *ni*, som meget lignede de tilsvarende gamle Brahmi-talsymboler, samt et specielt symbol for *tom plads*. Dette sidste må ikke forstås sådan, at *tom plads* [*nul*, om vi vil] betragtedes som et tal, dvs. som noget, der kan udføres beregninger med. Det var "foreløbig" [frem til 700-tallet] blot et symbol, der var nødvendigt i forbindelse med positionssystemet for at kunne udtrykke sig utvetydigt – netop hvad babyloniernes positionssystem manglede, men som Ptolemaios allerede havde benyttet i 100-tallet e.Kr.

Muligvis brugte man oprindeligt en prik som symbol for *nul*, og ikke en lille cirkel. Eksempelvis har man fundet en inskription med en prik for *nul* i Cambodia fra 605 e.Kr.; en digter taler henimod år 600 e.Kr. om stjernerne, der er spredt på himlen lige som *nulprikker*; og en kinesisk tekst fra 700-tallet beskriver det indiske talnotationssystem med en prik for *nul*. På den anden side har man fundet en inskription fra 686 e.Kr. med en lille cirkel for *nul*. Både prik og lille cirkel blev altså benyttet som symbol for *nul*, men efterhånden gik anvendelsen af en prik ud af brug. Da prikken benyttedes i Kina, må dens brug dog have været spredt over et stort landområde.

I et værk, *Brhat-ksetra-samasa*, fra omkring 570 e.Kr. skrev Jinabhadra Gani tallet 224400000000 lige som vi ville gøre, blot naturligvis med lidt andre symboler. Og en forkortelse af det blandede tal

$$241960\frac{407150}{483920} \quad \text{til} \quad 241960\frac{40715}{48392}$$

beskrev han nogenlunde sådan: "Ved at fjerne nullet er tælleren fire-nul-syv-en-fem og nævneren fire-otte-tre-ni-to". Dette værk med dets pladsværdinotation [også for tæller og nævner i en brøk], anvendelse af *nul* som et ciffer og den [i vor forstand] normale rækkefølge af cifrene, er vigtigt for dateringen af det cifrerede decimale positionssystem. Dette talnotationssystem kom snart i almindelig brug i Indien.

Men det er interessant og tankevækkende at se alle de snørklede veje – og omveje – man har fulgt på vejen frem mod et talnotationssystem med alle de tre fundamentale idéer:

Bog 1 Elementer fra tallenes og algebraens historie D INDERNE

Positionsidéen.

Idéen om et særligt tegn til at betegne en tom plads.

Cifferidéen.

28 Almindelige beregninger

Vi vil nu se lidt på, hvordan inderne udførte beregninger i dette system. Det kan nævnes, at de ud over regnebrætter med sand efterhånden også skrev på en sort tavle med en rørpen dyppet i tynd hvid maling. Addition foregik i begyndelsen formodentlig fra venstre mod højre som i følgende eksempel, hvor vi udregner 345 plus 488. Man skrev nok det ene tal under det andet:

  3 4 5

  4 8 8.

Man startede med at addere 3 og 4; det gav 7. Man skrev så 7 over den venstre talsøjle. Dernæst 4 plus 8 som gav 12; man ændrede så 7 [over første søjle] til 8 og noterede 2 over den anden talsøjle. Endelig har 5 og 8 summen 13; man ændrede derfor 2 [over anden søjle] til 3 og noterede 3 over den højre talsøjle. Alt i alt så tavlen altså sådan ud, når man var færdig:

  8 3

  ~~7~~ ~~2~~ 3

  3 4 5

  4 8 8,

hvor resultatet 833 står at læse øverst. Der blev benyttet adskillige metoder ved multiplikation. Lad os som eksempel udregne 5 gange 569. Idet vi igen regner fra venstre mod højre, udregnes først 5 gange 5; det er 25. Dette noteres over 5-tallet i 569 som vist nedenfor. Så 5 gange 6, som er 30; der noteres et 0 efter 5-tallet, som rettes til 8, der noteres ovenover. Endelig 5 gange 9, som er 45; 5-tallet noteres efter 0, som rettes til 4, der noteres ovenover. Resultat altså 2845.

      8 4

    2 5 ~~0~~ 5

  5 gange   5 6 9

65

En mere kompliceret multiplikation, fx 12 gange 135, kunne udføres ved først at udregne 4 gange 135 på ovenstående måde; det giver 540. Og dernæst at udregne 3 gange 540. Resultat 1620. Eller ved at addere 10 gange 135, dvs. 1350, og 2 gange 135, dvs. 270. Resultat 1620. Man anvendte også mere komplicerede opstillinger, eksempelvis sådan [tænk på et regnebræt]:

```
    6 2         (f)
    5̷ 1̷        (e)
  1 3̷ 5̷ 0      (c)
    1 2         (a)
    1̷ 3̷ 5̷      (b)
    1 3 5       (d)
```

Forklaring: (a) Dette er multiplikatoren. (b) Dette er multiplikanden. (c) Dette er resultatet af 1 gange 135, idet 1-tallet i (a) jo repræsenterer en *tier*. (d) Efter udregningen ovenfor streges multiplikanden ud og noteres igen nedenfor, rykket et hak til højre. (e) 5-tallet fremkommer ved at sige 2 gange 1 [fra (d)] hvorefter 3 [fra (c)] adderes, og dette 3-tal overstreges; 5-tallet noteres i (e) som vist, idet 1-tallet [i (d)] jo repræsenterer *hundreder*. 1-tallet efter 5-tallet [i (e)] fremkommer ved at danne 2 gange 3 [fra (d)] plus 5 [fra (c), hvorefter dette 5-tal overstreges]; det giver 11; det er det sidste 1-tal herfra, som jo repræsenterer *tiere*, der noteres som vist i (e). (f) Det første 1-tal fra de 11 ovenfor repræsenterer *hundreder*. Sammen med de 5 *hundreder* fra (e) giver det 6 *hundreder*, som noteres i (f), mens 5-tallet i (e) overstreges. Endelig giver 2 gange 5 tallet 10; 1-tallet herfra adderet til 1-tallet fra (e) giver 2, som noteres i (f), og 1-tallet i (e) slettes. Resultatet 1620 kan nu aflæses.

Formodentlig anvendte inderne også nedenstående *gittermetode*; araberne gjorde i hvert fald, og de har nok lært den af inderne.

Figur 32

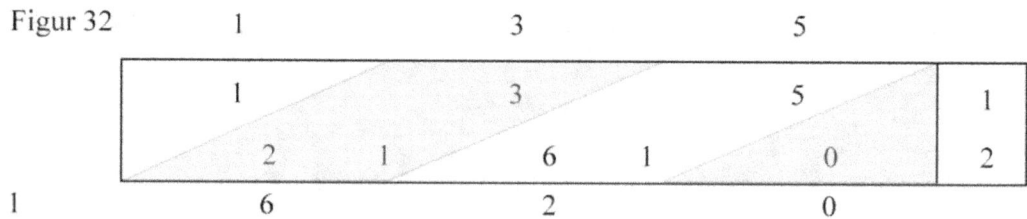

Der skal lægges sammen på skrå. Fx repræsenterer tallene 5, 6 og 1 i det hvide skrå felt alle *tiere*; disse adderes til 12 *tiere*, der noteres 2 nedenfor feltet, og 1 [som repræsenterer *hundreder*] i det grå felt til venstre for det hvide felt. De øvrige tal i dette grå felt, altså 3 og 2, repræsenterer også *hundreder*; af sådanne er der altså i alt 6, som noteres nedenfor feltet. Der er altså sådan set tale om den måde, vi udfører multiplikationen på, blot plejer vi at "holde menter i hovedet" og også foretage additionerne i de skrå felter "i hovedet".

29 Mere avancerede beregninger

Lad os fortsætte til det mere komplicerede. Aryabhata gav følgende korte beskrivelse af kvadratrodsdannelse:

> Divider altid den lige plads med to gange roden; efter at have trukket kvadratet fra den ulige plads, giver kvotienten sat ned på næste plads roden.

Lad os se på, hvad han kan have ment.

Eksempel 2

Aryabhata ville nok bestemme kvadratroden af 54756 som følger [med brug af vor talnotation]:

		5	4	7	5	6	
Fratræk kvadrat [5 er på ulige plads]		4					rod: 2
Divider med to gange roden (dvs. med 4)			1	4			kvotient: 3
[14 er på lige plads]			1	2			
				2	7		ny rod: 23
Fratræk kvadrat af kvotient					9		
Divider med to gange roden (dvs. med 46)				1	8	5	kvotient: 4
				1	8	4	
						1	6	rod: 234
Fratræk kvadrat af kvotient						1	6
							0

Hvad er mon idéen bag denne udregning? Lad D være det givne tal, og lad a_1 være en passende valgt første tilnærmelse til kvadratroden, valgt som et ciffer efterfulgt af et passende antal *nuller* [i vort eksempel er $D = 54756$ og $a_1 = $

200]. Så løses ligningen $(a_1 + x)^2 = D$, som kan omskrives til [jf. eventuelt Bog 2, Afsnit 8] $2a_1x + x^2 = D - a_1^2$. Da x^2 forudsættes at være lille sammenlignet med $2a_1x$, kan man som et groft skøn udelade x^2. Det giver tilnærmelsen x_1 til x bestemt ved $x_1 = (D - a_1^2)/2a_1$. Kun første decimalplads i x_1 benyttes; dvs. vi vælger tallet y_1, dannet af første ciffer i x_1 efterfulgt af et passende antal *nuller* [i vort eksempel er $x_1 = (54756 - 40000)/400 = 36,...$ og $y_1 = 30$]. Som anden tilnærmelse til kvadratroden af D vælges $a_2 = a_1 + y_1$ [i vort eksempel er $a_2 = 200 + 30$; det bemærkes, at 200^2 og $2 \cdot 200 \cdot 30$ i opstillingen ovenfor fratrækkes successivt, og at der derfor kun mangler at blive fratrukket 30^2]. Proceduren kan fortsættes: $(a_2 + x)^2 = D$ omskrives til $2a_2x + x^2 = D - a_2^2$; her bortkastes x^2, og vi får tilnærmelsen x_2 til x bestemt ved $x_2 = (D - a_2^2)/2a_2$, og y_2 ved kun at benytte første decimalplads i x_2 efterfulgt af et passende antal *nuller*; osv. [i vort eksempel er $x_2 = (2756 - 900)/460 = 4,...$ og $y_2 = 4$. Dette giver $a_3 = 230 + 4$ (hvis kvadrat netop er 54756)]. Det skal bemærkes, at den angivne metode kan føre til negative x-værdier og dermed negative y-værdier, men at det "ikke gør noget". Aryabhata må have kendt formlen $(a + x)^2 = a^2 + 2ax + x^2$ i en eller anden formulering; for som det fremgår, er metoden baseret på denne formel. ■

Inderne løste mange aritmetiske problemer ved *regula falsi*-metoden. En anden yndet fremgangsmåde var *inversion*[19], hvor man startede bagfra og erstattede hver operation med sin omvendte. Lad os slutte med et eksempel på dette; stilen er typisk for den lyriske måde, inderne formulerede deres matematikopgaver på.

Eksempel 3
Nedenstående er hentet fra Bhaskara II's *Lilavati*, hvorfra meget af vor viden om indernes aritmetik stammer [denne Bhaskara levede i 1100-tallet, og *Lilavati* var navnet på hans eneste datter]:

> Smukke pige med strålende øjne, fortæl mig, eftersom du forstår den rigtige metode ved inversion, hvad er det for et tal, som ganget med 3, så forøget med 3/4 af produktet, dernæst divideret med 7, formindsket med 1/3 af kvotienten, ganget med sig selv, formindsket med 52, efter uddragning af kvadratroden, addition af 8 og division med 10 giver tallet 2?

Ved inversionsmetoden starter man altså med 2, det ganger man med 10 og får 20, som man trækker 8 fra og får 12, som man kvadrerer og får 144, som man forøger med 52 og får 196, som man tager kvadratroden af og får 14,

---

[19] Det latinske ord *invertere* betyder *vende om*.

som man ganger med 3/2 og får 21, som man ganger med 7 og får 147, som man tager 4/7 af og får 84, som man dividerer med 3 og får 28 [jf. Opgave 1D14]. ∎

30 Spredning af de indiske metoder

Udviklingen af metodiske opstillinger for de elementære aritmetiske operationer startede i Indien, blev overtaget af araberne og senere bragt til Vesteuropa, hvor de fik megen opmærksomhed af 1400-tallets og 1500-tallets europæiske forfattere af aritmetikbøger.

Ægypterne og babylonierne anvendte ikke symboler til at betegne de elementære regneoperationer. Men det gjorde Brahmagupta, der levede omkring år 600 e.Kr. – dog ikke for addition; den angav han blot ved sammenstillen. Derimod markerede han subtraktion ved at anbringe en prik over *subtrahenden*[20], multiplikation ved at skrive *bha* [første stavelse i *bhavita*, som betød *produkt*] efter faktorerne, og division ved at skrive divisor under *dividend*[21]. Hvis et tal fulgte efter et andet tal, skrev han *ru* [af *rupa, det absolutte tal*] foran det "for at kunne se, hvor det ene holdt op, og det andet begyndte". Endvidere noterede han kvadratroden af et tal ved at skrive *ka* [fra ordet *karana*, som betød noget i retning af *irrational*] foran tallet, og han angav en ubekendt ved *yà* [fra *yàvattavat*, der betød *så meget som*]. Hvis der var yderligere ubekendte, indikerede han dette ved at anvende første stavelse i diverse farvenavne; eksempelvis kunne en anden ubekendt benævnes *kà* [af *kàlaka*, dvs. *sort*]. Skrev han fx

$$y\grave{a}\ k\grave{a}\ 8\ bha\ ka\ 10\ \overset{.}{ru}\ 7\ ,$$

så kan det udtrykt i vor symbolik [hvor jeg har skrevet $8xy$ i stedet for $xy8$] udtrykkes som

$$8xy + \sqrt{10} - 7\ .$$

---

[20] Latinsk *subtrahendus* betyder (et tal), *som skal trækkes fra*; det tal, subtrahenden skal trækkes fra, kaldes *minuend*, der betyder (et tal), *som skal formindskes*. Ved en subtraktion formindskes minuenden altså ved, at subtrahenden trækkes fra. Ordet *subtrahere* kan opdeles i *sub*, som betyder *under*, og *trahere*, som betyder *trække*.

[21] Latinsk *dividendus* betyder (et tal), *som skal deles* eller *divideres*; det tal, dividenden skal deles/divideres med, kaldes *divisor*, der betyder *som deler* eller *som dividerer*. Ved en division deles/divideres dividenden altså med divisoren. Ordet *dividere* betyder *dele* (et tal i lige store dele).

Han tillod endvidere negative tal og irrationale tal, og erkendte, at en andengradsligning [med reelle koefficienter] har to rødder. Til løsningen anvendte han *kvadratkomplettering*, som vi senere vil se nærmere på [jf. Bog 2, Afsnit 15]. Endelig løste han forskellige typer af ligninger; og i modsætning til grækeren Diophant [jf. Afsnittene 45 og 46], som var tilfreds med at finde en løsning, forsøgte han at bestemme alle løsningerne. Det kan i øvrigt bemærkes, at der var en overraskende uafhængighed mellem matematikerne; eksempelvis synes Brahmagupta ikke at have kendt til Aryabhatas resultater.

Brahmagupta angav også nogle regneregler for *nul* (citeret fra [14], side 52):

> Summen af nul og noget negativt er negativt, summen af nul og noget positivt er positivt. Noget negativt trukket fra nul bliver positivt, noget positivt trukket fra nul bliver negativt. Produktet af nul og noget negativt/positivt er nul; produktet af to nuller er nul. Nul divideret med nul er nul. Noget positivt eller negativt divideret med nul er en brøk med nullet som nævner; tilsvarende for nul divideret med noget negativt eller positivt.

Selv om regnereglerne jo ikke alle er korrekte, så tog han et meget vigtigt skridt ved i det hele taget at opstille regneregler. Endvidere er de citerede regneregler et vidnesbyrd om, at Brahmagupta ikke blot betragtede *nul* som fraværet af et tal på en plads, men som et rigtigt tal, der kan regnes med.

Videre er det væsentligt, at Brahmagupta eksplicit opstillede regneregler for de elementære regneoperationer. Bl.a. lød hans regler for addition og subtraktion af to brøker sådan:

> Ved multiplikation af tæller og nævner med hver af de andre nævnere, reduceres størrelserne til en fælles nævner. Ved addition forenes tællerne, ved subtraktion dannes deres differens. For multiplikation: Produktet af tællerne divideret med produktet af nævnerne er (resultatet af) multiplikation af to eller flere brøker.

> Division: nævner og tæller for divisoren efter at være blevet ombyttet, nævneren af dividenden multipliceres med den nye nævner og dens tæller med den nye tæller. Sådan udføres division af brøker.

I Indien blev en brøk m/n skrevet med m'et over n'et [altså blot uden brøkstreg], i hvert fald fra 200 e.Kr.

Alt i alt betød dette bl.a., at Brahmagupta kunne behandle alle typer af andengradsligninger under ét, stort set på vor måde. Som vi senere skal se, gjorde hans elever, araberne, ikke dette. De godtog lige som grækerne kun positive tal og måtte derfor dele op i adskillige tilfælde [jf. Bog 1, Afsnit 52].

Opgaver til 1D INDERNE

Opgave 1D1

Vi vil lave et talnotationssystem i stil med Aryabhatas ved for det første at knytte vokaler til tierpotenser sådan:

a benyttes til enere (og "for så vidt" tiere), *e* til hundreder (og "for så vidt" tusinder), *i* til titusinder (og "for så vidt" hundredtusinder), osv. [til og med *å*].

For det andet benytter vi konsonanter til at angive antal på følgende måde:

b, c, d, f, g, h, j, k og *l* står for henholdsvis 1, 2, 3, 4, 5, 6, 7, 8 og 9; *m, n, p, q, r, s, t, v* og *w* for henholdsvis, 10, 20, 30, 40, 50, 60, 70, 80, 90.

Idet vi vælger at notere i sædvanlig rækkefølge, skriver vi eksempelvis 6, 32, 327 og 3027 som henholdsvis *ha* [6 enere], *pca* [32 enere], *de nja* [3 hundreder og 27 enere] og *pe nja* [30 hundreder og 27 enere].

Noter 41, 582, 1607, 3004206 og 602904007 i dette talnotationssystem.

Opgave 1D2

Noter det største tal, som kan angives i det i Opgave 1D1 anførte talnotationssystem, dels i selve dette system, og dels i vort sædvanlige titalsystem.

Opgave 1D3

Vi vil nu lave et talnotationssystem i stil med Bhaskaras. Hertil benytter vi vokaler næsten – men også kun næsten! – som i Opgave 1D1: *a* benyttes til enere og tiere, *e* til hundreder og tusinder, *i* til titusinder og hundredtusinder, osv.

(α) Fordel efter eget valg alle konsonanter ud på cifrene 0, 1, 2, 3, 4, 5, 6, 7, 8 og 9 [dvs. *b, k, l* og *w* kan du eksempelvis vælge at knytte til 7, osv.; med dette valg kan 777 fx noteres *ke-ba-la* (idet vi på ny noterer i sædvanlig rækkefølge)].

(β) Noter 41, 582, 1607, 3004206 og 602904007 i dette talnotationssystem.

(γ) Overvej – med begrundelse – om der er tale om et positionssystem.

Opgave 1D4

(α) Vælg mindst ét ord for hvert af tallene 0, 1, 2, 3, 4, 5, 6, 7, 8 og 9 på en sådan måde, at det pågældende ord på en for dig naturlig måde er knyttet til det pågældende tal, altså eksempelvis *hus* til at stå for 1, og *børn* til at stå for 2 [hvis du har ét hus og to børn], osv.; med dette valg vil vi notere eksempelvis 112 sådan: *hus hus børn*.

(β) Noter 41, 582, 1607, 3004206 og 602904007 i dette talnotationssystem.

(γ) Kan du angive vilkårligt store tal i dit talnotationssystem? Overvej – med begrundelse – om du har konstrueret et positionssystem, måske endda et cifreret positionssystem.

Opgave 1D5

(α) Lad *n* stå for 0, *e* for 1, *t* for 2, *r* for 3 [det første bogstav i ordet "tre" er jo allerede brugt], osv. [fx kommer 5 til at hedde *m*, da de to første bogstaver i *fem* allerede er brugt]; med dette valg vil vi notere eksempelvis 70452 sådan: *ynfmt*.

(β) Noter 41, 582, 1607, 3004206 og 602904007 i dette talnotationssystem.

(γ) Kan du angive vilkårligt store tal i dit talnotationssystem? Overvej – med begrundelse – om du har konstrueret et positionssystem, måske endda et cifreret positionssystem.

Opgave 1D6
Adder 674 og 388 på den i Afsnit 28 omtalte måde.

Opgave 1D7
Udregn på mindst to måder ved indiske opstillinger $14 \cdot 397$.

Opgave 1D8
Udregn på mindst to måder ved indiske opstillinger $143 \cdot 397$.

Opgave 1D9
Udregn kvadratroden af 2209 ved hjælp af den i Eksempel 2 i Afsnit 29 anførte algoritme.

Opgave 1D10
Udregn kvadratroden af 141376 ved hjælp af den i Eksempel 2 i Afsnit 29 anførte algoritme.

Opgave 1D11
Et tal ganges med 6, fra resultatet trækkes 18, det på den måde fremkomne tal divideres med 4. Herved fås tallet 15. Hvilket tal startede vi med?

Besvar spørgsmålet, dels ved hjælp af inversion, og dels ved en selvvalgt fremgangsmåde.

Opgave 1D12
En gammel indisk opgave lyder nogenlunde sådan:

> Af en samling mangofrugter tog kongen en sjettedel, dronningen en femtedel af resten, den ældste prins en fjerdedel af resten, den næstældste prins en tredjedel af resten, den tredjeældste halvdelen af resten, og den yngste prins de tre tiloversblevne mangofrugter. O, du som er klog udi regning med brøkdele, sig mig hvor stor samlingen af mangofrugter var.

Regn denne opgave, dels ved inversion, og dels ved en selvvalgt fremgangsmåde.

Opgave 1D13
En anden gammel indisk opgave lyder nogenlunde sådan:

> En rejsende købmand betalte told af sine varer tre forskellige steder undervejs. Det første sted betalte han en tredjedel af varerne, det andet sted en fjerdedel af det, der var tilbage, og det tredje sted en femtedel af resten. Han betalte i alt med varer til en værdi af 24 guldstykker. Hvad var værdien af ladningen ved rejsens begyndelse?

Opgave 1D14
Besvar "Lilavati-opgaven" fra Eksempel 3 i Afsnit 29 på nutidig algebraisk facon; kald altså det u(be)kendte tal for x, gang det med 3, adder $(3/4) \cdot 3x$ til de $3x$, osv. og bestem på den måde det ukendte tal. Har opgaven andre løsninger end 28? Hvor "smuttede" i bekræftende fald den anden løsning ved inversionsmetoden?

E KINESERNE

31 Lidt historie

Også langs de kinesiske floder Huanghe [Den Gule Flod] og Yangzi [Den Blå Flod] har der gennem mange årtusinder levet mennesker med et højt kulturelt stade. Efter Stenalderen fulgte den såkaldte *Yangshao-kultur* fra omkring 5000 f.Kr.; der avledes bl.a. silkeorme. Der synes at have været tale om fredelige landsbyer uden skarpe sociale skel.

Fra omkring 4000 f.Kr. blev denne kultur afløst af *Longshan-kulturen*, som havde en tydelig hierarkisk struktur. Denne kultur danner overgang til Kinas ældste historiske periode, i hvilken *Shang-dynastiet* [ca.1500-ca.1100 f.Kr.] herskede over en stor del af det nordlige Kina. Den politiske og religiøse magt var samlet hos kongen, som bl.a. skulle granske gudernes vilje samt bede dem om hjælp i vigtige sager. De ældste kendte kinesiske skrifttegn stammer fra denne tid. Som Figur 33 viser, var der tale om en billedskrift; man har på såkaldte orakelben fundet ca. 3500 forskellige tegn, af hvilke ca. en tredjedel er blevet tydet.

Figur 33 Kinesiske tegn for hjort; det ældste tegn er vist til venstre, det nutidige til højre.

Omkring 1100 f.Kr. styrtedes Shang-dynastiet af dynastiet *Zhou*, som regerede i ca. 900 år – fra omkring 770 f.Kr. dog kun formelt; magten lå hos en række fyrster, hver med sit område og ofte i indbyrdes strid. I denne urolige periode udviklede Kinas store tænker Kung-fu-tse (551-479 f.Kr.) sin lære om mennesket som samfundsvæsen.

221 f.Kr. samledes hele Kina for første gang under *Shi Huangli*, den første kejser. Han ensrettede mønt, mål og vægt samt påbegyndte anlæggelse af et vejnet for at bedre samfærdslen og mulighederne for at holde sammen på det vældige rige. De mure, som de nordlige stater i tidens løb havde opført til værn mod hunner og andre nomadefolk, lod han forbinde til ét kæmpemæssigt bolværk, Den Kinesiske Mur. År 213 f.Kr. beordrede han en stor bogbrænding, formodentlig for at afskære den læsekyndige del af befolkningen fra at kritisere hans styre på basis af viden om fortiden.

I sine 11 år ved magten undergravede han rigets finanser, og kort tid efter hans død gjorde en militærafdeling i Yangzidalen mytteri; 202 f.Kr. kunne oprørslederen Liu Bang bestige kejsertronen som den første kejser af dynastiet *Han*, der med en kort afbrydelse holdt sig ved magten frem til 220 e.Kr. Han-tiden betragtes ofte som et forbillede for senere dynastier.

Efter Han-dynastiets fald blev Kina delt op i tre kongedømmer [Wei, Han og Wu]. Men nomadestammer udnyttede landets svaghed, og snart var hele Nordkina erobret af hunnerne. Hidtil havde områderne omkring Huanghe og dens biflod Wei udgjort den kinesiske civilisations kerne. Men da Kina endelig genforenedes under *Sui-dynastiet* (589-618), fremtrådte Yangzidalen som det kulturelle tyngdepunkt.

Under *Tang-dynastiet* (618-906) skete en fundamental social forvandling; bl.a. blev embedsstanden udvalgt på basis af statslige eksaminer. Især litteraturen blomstrede.

Tang-tiden efterfulgtes af et halvt århundrede med politisk splittelse. Derefter fulgte en ny stabil periode, *Song-tiden* (960-1280); det kan nævnes, at verdens første trykte bog udkom allerede omkring årtusindskiftet. Fra begyndelsen af 1200-tallet underlagde mongolhøvdingen Djengis Khan og hans efterkommere sig historiens største område. Fra 1280 regeredes det ene af fire *khanater*, omfattende Kina m.m., af Djengis Khans sønnesøn Kubilai.

Efter flere oprør kunne en af oprørslederne i 1368 lade sig kåre som den første kejser fra *Ming-dynastiet*. Efter en rolig periode blev dette i 1644 afløst af *Tsing-dynastiet*, som regerede helt frem til kejserdømmets opløsning i 1912.

32 Stavaritmetik

Vi kender meget lidt til kinesisk matematik fra oldtiden; og det, vi kender, er svært at tidsfæste blot nogenlunde præcist. Der er flere grunde til dette. For det første skrev kineserne på forgængeligt materiale såsom bambus, bark og silke. For det andet var der som omtalt den store bogbrænding i 213 f.Kr.; og nogle år senere gik de kejserlige arkiver op i luer. Og for det tredje var det sædvane ved genudgivelse af ældre værker at flette nye ting ind.

Så vidt man kan skønne, har den tidligste kinesiske matematik været så forskellig fra samtidig matematik andre steder, at den må være stort set uafhængig deraf. Det gælder i hvert fald for tiden frem til omkring 400 e.Kr. Vi kender endnu meget lidt til den gensidige påvirkning mellem indere og kinesere i hele det første årtusind e.Kr. Lige som i Indien er der i Kina en udtalt mangel på kontinuitet i den matematiske tradition.

De ældste kendte kinesiske taltegn stammer fra Shang-tiden. Disse taltegn udvikledes i løbet af det følgende årtusind til de såkaldte *stavtal*, med hvilke kineserne udførte en *stavaritmetik*. Stavtallene blev lagt ud på et regnebræt; de så sådan ud:

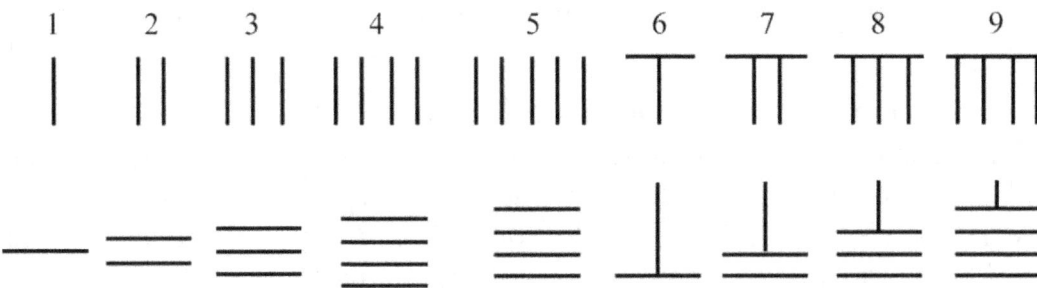

Figur 34

Stavkombinationerne i øverste række angav tallene fra 1 til 9 – men også det tilsvarende antal hundreder, titusinder, millioner, ...; analogt angav stavkombinationerne i nederste række antal tiere, tusinder, hundredtusinder, osv. Med andre ord var der faktisk tale om et decimalt positionssystem – og så vidt vi ved endda det første i verden. Eksempelvis blev 376 lagt sådan:

Figur 35

og noteredes på bark eller papir[22] ganske svarende dertil. Ved denne skiftevis mest lodrette og mest vandrette notation var risikoen for sammenblanding ikke så stor. Men helt overvundet var den ikke, for man anvendte ikke noget symbol for *nul*. På regnebrættet klarede man sig uden problemer ved i påkommende tilfælde ikke at placere stave i eksempelvis tiersøjlen. På skrift lavede man på tilsvarende måde mellemrum i sådanne situationer; men skulle der bruges flere *nuller* efter hinanden eller *nuller* "yderst til højre", var fejlfortolkninger mulige. Det kan bestemt ikke udelukkes, at den ellers på

---

[22] Allerede i 100-tallet e.Kr. begyndte kineserne at fremstille papir bestående af sammenfiltrede og bearbejdede plantefibre.

mange måder hensigtsmæssige overensstemmelse mellem skrevne tal og stavtal var årsag til, at kineserne dels ikke indførte cifre – altså enkeltsymboler for tallene op til deres grundtal *ti* – og dels ikke på skrift havde noget symbol for *nul*. Sagt på en anden måde kan den nævnte overensstemmelse tænkes at være årsagen til, at det blev inderne og ikke kineserne, der opfandt det moderne talnotationssystem.

Et symbol for *nul* – i form af en prik – er i Kina først fundet i et astronomikompendium fra 720 e.Kr.; i dette findes også et afsnit om indiske beregningsmetoder.

Omtrent samtidig med stavnotationen, dvs. fra 300-tallet f.Kr., benyttede kineserne også en anden talnotation, hvor man havde specielle tegn for tallene fra 1 til 9 samt for potenser af grundtallet *ti*. Tegnene lignede sædvanlige kinesiske skrifttegn og kaldes undertiden *hieroglyfcifre*. Dette system var imidlertid ikke engang noget positionssystem; skulle man eksempelvis skrive 8253, skrev man successivt tegnene for henholdsvis 8, 1000, 2, 100, 5, 10 og 3. Dette system var ikke – så lidt som et par senere indførte talnotationssystemer – hensigtsmæssigt til at udføre beregninger i.

Regning med skrevne tal findes behandlet i bøger med videnskabeligt eller undervisningsmæssigt indhold. Men i praksis anvendte kineserne formodentlig næsten udelukkende deres regnestave til udregninger. Eksempelvis havde regeringsembedsmænd på rejser rundt i landet altid en pose med regnestave inden for rækkevidde, og de kunne udføre beregninger med deres regnestave "så hurtigt, at øjet dårligt kunne følge deres bevægelser". Det var ikke bare de sædvanlige regningsarter, der lod sig udføre med regnestave. Også til beregning af tilnærmede værdier for kvadratrødder og til løsning af visse ligninger kunne stavene benyttes. Først i 1500-tallet blev de afløst af kinesernes *suan pan*, en kugleramme, der ligner den japanske *soroban*; begge disse regneredskaber benyttes den dag i dag; de vises nedenfor.

Figur 36

33 Ni kapitler om den matematiske kunst

Den mest berømte kinesiske matematiktekst er *Chui-chang suan-shu* [*Ni kapitler om den matematiske kunst*], hvis første version sædvanligvis sættes til ca. 250 f.Kr., hvilket er næsten samtidig med, at Euklid skrev sine *Elementer* [jf. Afsnit 44]. Og i Kina har *Ni kapitler* faktisk samme status, som *Elementerne* har i vor vesterlandske kultur, og har øvet en tilsvarende indflydelse. Eksempelvis kan nævnes, at *Ni kapitler* så sent som i 600-tallet e.Kr. blev nævnt som officiel lærebog for statens embedsmænd.

Det formodes, at *Ni kapitler* beskrev de foregående århundreders matematiske indsigt i Kina. Værket er blevet afskrevet og kommenteret adskillige gange i tidens løb. Den ældste kendte version skyldes kommentatoren Liu Hui og stammer fra omkring 250 e.Kr. Den er en praktisk håndbog med i alt 246 verbalt formulerede og besvarede opgaver af forskellig slags, alle med en mere eller mindre direkte reference til praktiske emner såsom landmåling, landbrug, fordelingsopgaver, arbejdskraft- og materialeberegninger [ved mur-, dige- og kanalbyggeri]. Desuden findes [i den nyere del af værket] en række matematiske uddybninger af forskellige emner.

Dens problemer, som vi skal se et par eksempler på nedenfor, fører som regel til ligninger, for hvilke der gives løsninger i form af recepter; dvs. værket hører hjemme i den orientalske tradition. I modsætning til Euklids *Elementer* indeholder bogen ingen beviser; og netop dens totale mangel på begrundelser gør det vanskeligt at vurdere, hvordan man egentlig nåede frem til resultaterne.

Det er bemærkelsesværdigt, at kineserne – formodentlig som de første i verden [men muligvis kom babylonierne først], og senest fra 300-tallet f.Kr. – opererede med negative tal. Sådanne blev på regnebrætterne markeret med sorte stave, mens røde stave benyttedes til at angive positive tal. Negative tal har tilsyneladende ikke voldt kineserne samme problemer, som de har voldt andre kulturfolk – måske fordi kineserne havde deres regnestave. De benyttede dog kun negative tal "undervejs" ved løsningen af en opgave, men godtog ikke et negativt tal som slutfacit. Også med hensyn til negative tal er det som følge af manglen på begrundelser umuligt at vide, hvordan man egentlig opfattede disse størrelser. Vi ved således ikke, om de havde samme status som de naturlige tal, dvs. om de opfattedes som "lige så gode som disse", eller om de blot blev opfattet som en slags skyggebilleder af dem. Men man angav i hvert fald nogle regneregler, som omfattede negative tal, fx (citeret fra side 60 i [14]):

> (For subtraktion gælder:) Når der er samme benævnelse, trækkes der fra, når der er forskellig benævnelse, lægges der sammen. Positivt, uden at der kommer noget til det, gør det negativt. Negativt, uden at det kommer noget til det, gør det positivt.
>
> (For addition gælder:) Når benævnelserne er forskellige, trækkes der fra, når benævnelserne er ens, lægges der sammen. Positivt, uden at der kommer noget til, gør det positivt. Negativt, uden at der kommer noget til, gør det negativt.

34 Et par eksempler

Eksempel 4

En af opgaverne i *Ni kapitler* lyder nogenlunde sådan:

> Udbyttet af 3 kurve korn af høj kvalitet, 2 kurve korn af middel kvalitet og 1 kurv korn af lav kvalitet er 39 vægtenheder. Udbyttet af 2 kurve af høj kvalitet, 3 kurve af middel kvalitet og 1 kurv af lav kvalitet er 34 vægtenheder. Udbyttet af 1 kurv af høj kvalitet, 2 kurve af middel kvalitet og 3 kurve af lav kvalitet er 26 vægtenheder. Hvilket (vægt)udbytte fås af henholdsvis (1 kurv korn af) høj kvalitet, middel kvalitet og lav kvalitet?

Ved løsningen gik man forbløffende moderne til værks. For at løse opgaven ville matematikere i vore dage opstille det lineære ligningssystem

$$3x + 2y + z = 39$$
$$2x + 3y + z = 34$$
$$x + 2y + 3z = 26$$

[hvor x, y og z er udbyttet af én kurv af henholdsvis høj, middel og lav kvalitet] og derefter benytte metoder fra den såkaldte *lineære algebra*. Det var faktisk præcis, hvad Liu Hui [eller hvem forfatteren nu var] gjorde; han opskrev et talskema som det nedenfor indrammede:

(x)	1	2	3
(y)	2	3	2
(z)	3	1	1
	26	34	39

Figur 37

Bog 1 Elementer fra tallenes og algebraens historie   E KINESERNE

hvor læseren vil genkende tallene i den første talsøjle fra højre som *koefficienterne*[23] i første ligning ovenfor, tallene i den anden talsøjle fra højre som koefficienterne i anden ligning, og tallene i den tredje talsøjle fra højre som koefficienterne i tredje ligning. Nu lyder recepten, idet søjlerne nummereres fra højre:

Multiplicer anden søjle med 3 og træk derfra 2 gange første søjle. Resultat:

1	0	3
2	5	2
3	1	1
26	24	39

Figur 38

Multiplicer derefter tredje søjle med 3 og subtraher første søjle. Resultat:

0	0	3
4	5	2
8	1	1
39	24	39

Figur 39

Multiplicer dernæst tredje søjle med 5 og subtraher 4 gange anden søjle. Resultat:

0	0	3
0	5	2
36	1	1
99	24	39

Figur 40

---

[23] De latinske ord *cum* og *efficere* betyder henholdsvis *med* og *bevirke*, dvs. at en *koefficient* er en, der *medvirker*.

Formuleret i vor symbolik er Liu Hui hermed kommet frem til nedenstående ligningssystem, som er ensbetydende med det oprindelige [dvs. som har samme løsninger som det oprindelige; jf. eventuelt Bog 2, Afsnit 27].

$$3x + 2y + z = 39$$
$$5y + z = 24$$
$$36z = 99.$$

Og Liu Hui har været klar over dette, idet han efter sit sidste talskema skrev [uden at anvende betegnelser for de u(be)kendte tal], at z var 11/4, derefter at y var 17/4, og endelig at x var 37/4.

Måske blev Liu Hui inspireret til den slags skemaer af kinesernes interesse for mønstre, fx i form af et såkaldt *magisk kvadrat* som dette:

4	9	2
3	5	7
8	1	6

Figur 41

karakteriseret ved, at summen af tallene i hver række og i hver søjle samt i de to diagonaler er den samme. Kinesernes filosofi var i ikke ringe grad forbundet med tal; bl.a. spillede (be)tydningen af magiske kvadrater en vigtig rolle.

Eksempel 5

Et andet problem lyder [jeg har i parentes noteret noget underforstået]:

> En (lodret stående) bambusstok, som er 10 fod lang, knækker (men uden at gå helt i to stykker), og dens top rammer jorden 3 fod væk (dvs. der dannes en retvinklet trekant). Hvor (højt oppe) er knækket på bambusstokken?

Løsningen lyder:

> Divider bambusstokkens længde op i afstanden mellem dens to berøringspunkter med jorden ganget med sig selv. Træk resultatet fra bambusstokkens længde, og halver differensen. Resultatet er højden af brudstedet.

Det lyder som den rene magi, ikke sandt [jf. Opgave 1E6]? ∎

35 Brøker og decimalbrøker

I forbindelse med længde- og vægtenheder kan decimalangivelser spores helt tilbage til 1300-tallet f.Kr. På Liu Huis tid havde man en længdeenhed på ca. en fods længde; den kaldtes *chhih*. Videre var 1 *chhih* = 10 *tshun*, 1 *tshun* = 10 *fên*, 1 *fên* = 10 *li*. Liu Hui udtrykte længden af en vis cirkels diameter som 1 *chhih*, 3 *tshun*, 5 *fên*, 5 *li*. Og han benyttede samme system til at udtrykke ubenævnte tal [altså tal uden eksempelvis længdeenheder knyttet til] som decimalbrøker, men formuleret svarende til et helt tal, derefter et helt antal tiendedele, et helt antal hundrededele og et helt antal tusindedele.

Han Yan, der levede omkring 800 e.Kr., synes at være den første, som udelod navnene på potenserne af ti og nedskrev decimalbrøker næsten som vi, blot brugte han et ord i stedet for decimalkommaet til at indikere den sidste heltalsplads. Senest omkring 1200 e.Kr. *regnede* kineserne med decimalbrøker på lige fod med andre tal – og det er før, nogen andre gjorde det.

Også almindelige brøker blev benyttet i *Ni kapitler*. Man havde dog ingen notation svarende til eksempelvis vores 3/5; man talte om "af 5 dele 3"; nævneren kaldtes i øvrigt *mor* og tælleren *søn*. For forkortning af brøker angav man følgende regel:

> Hvis nævner og tæller kan halveres, gør det. Hvis ikke, så læg nævner og tæller ud på regnebrættet. Træk det mindste tal fra det største. Skift således tallene ved at formindske dem ved alternerende subtraktioner, indtil du opnår ens tal. Divider nævner og tæller med dette tal.

Lad os tage et eksempel. Skulle man forkorte brøken 56/203 [skrevet med vor talnotation], stillede man nedenstående dobbeltrække af tal op.

56	56	56	56	21	21	7	7
203	147	91	35	35	14	14	7

Figur 42

Brøken kan altså ifølge beskrivelsen ovenfor forkortes med 7 til 8/29. Denne fremgangsmåde til bestemmelse af *største fælles divisor* for to tal [jf. eventuelt Bog 2, Afsnit 52] er ganske den samme som den, grækerne benyttede; vi kalder metoden *Euklids algoritme*.

Addition af brøker blev udført ved at tage produktet af alle nævnerne som ny nævner, og så addere alle de nye tællere; med vor talnotation svarer det til, at der eksempelvis gælder:

$$\frac{a}{b}+\frac{c}{d}+\frac{e}{f}=\frac{adf+bcf+bde}{bdf}.$$

Division af brøker blev beskrevet sådan:

> Skaf først de to brøker samme nævner; divider så tællerne.

Dvs. man byggede på, at $(a/c):(b/c) = a/b$. Også reglen om, at division med en brøk kan udføres ved at multiplicere med den omvendte brøk [jf. eventuelt Bog 2, Afsnit 7], formuleredes tidligt af kineserne.

Endelig bør nævnes, at i *Ni kapitler* bestemte man også tilnærmede værdier for kvadratrødder og kubikrødder; det skete ved systematiske approksimationer "nedefra og oppefra".

36 Den kinesiske restsætning

I 300-tallet e.Kr. løste kineseren Sun Tzu et problem, som har givet anledning til, at det tilsvarende generelle resultat i dag overalt i verden kaldes den *kinesiske restsætning*. Problemer af denne type kan man eksempelvis komme ud for i forbindelse med kalenderregning. Problemet lød:

> Vi har et antal ting, vi ved ikke hvor mange. Regner vi dem i hele 3-tal (altså i bundter på 3), får vi 2 i overskud. Regner vi dem i hele 5-tal, får vi 3 i overskud. Regner vi dem i hele 7-tal, får vi 2 i overskud. Hvor mange ting har vi?

Sun Tzu søgte altså et naturligt tal, lad os sige n, sådan at n har (principal) rest 2 ved division med 3, rest 3 ved division med 5, og rest 2 ved division med 7 [jf. eventuelt Bog 2, Afsnittene 51 og 57]. Han indledte dette gøremål med at søge et tal, lad os sige a, sådan at a har rest 1 ved division med 3, og rest 0 såvel ved division med 5 som med 7. Han valgte [hvilket er den mindste mulighed] a som 70.

Derefter søgte han et tal, lad os sige b, sådan at b har rest 1 ved division med 5, og rest 0 såvel ved division med 3 som med 7. Som b valgte han 21. Og endelig søgte han et tal, lad os sige c, sådan at c har rest 1 ved division med 7, og rest 0 såvel ved division med 3 som med 5. Som c valgte han 15.

Han sagde nu, at $2a$ har rest 2 ved division med 3, og rest 0 ved division såvel med 5 som med 7; og at $3b$ har rest 3 ved division med 5, og rest 0 såvel ved division med 3 som med 7; og at $2c$ har rest 2 ved division med 7, og rest 0 såvel ved division med 3 som med 5. Endelig sagde han, at tallet $2a + 3b + 2c$, altså tallet 233, har de ønskede egenskaber, dvs. kan benyttes som n

[også fx 23 og 128 kan benyttes som det søgte tal – og i det hele taget ethvert tal, som afviger fra 233 med et multiplum af 105 (=3·5·7); se Eksempel 73 i Bog 2, Afsnit 57].

37 Kulmination og stagnation

Den matematiske udvikling kulminerede i Kina i 1200-tallet e.Kr., hvor især fire matematikere på flere områder var alle andre i verden klart overlegne. Der bør i denne sammenhæng tænkes på, at kineserne var begyndt at fremstille papir allerede i 100-tallet e.Kr. [jf. Fodnote 22 i Afsnit 32], og at man opfandt bogtrykkerkunsten et halvt årtusinde før europæerne gjorde det. Vi vil ikke her gå nærmere ind på denne periode i Kina, men blot nævne, at man

> regnede med negative tal, hvilket eksempelvis er længe før europæerne gjorde det,

> generaliserede fremgangsmåden til bestemmelse af kvadrat- og kubikrødder til approksimativ løsning af anden- og tredjegradsligninger [den benyttede metode opdagedes først i Europa i 1819 af den engelske skolelærer William G. Horner og kaldes derfor hos os *Horners metode*],

> anvendte begyndelsen af et skema, som vi kalder *Pascals trekant* efter franskmanden Blaise Pascal [jf. omtalen i Bog 3, Afsnit 17], og brugte dette til udregning af koeffienterne i [udtrykt med vor talnotation] $(a + b)^n$ for værdier af $n \leq 6$; eksempelvis er $(a + b)^3 = a^3 + 3a^2b + 3ab^2 + b^3$, dvs. koefficienterne er 1, 3, 3 og 1 [jf. eventuelt Bog 3, Afsnit 17].

Lad os nøjes med at se nærmere på noget langt mere beskedent, nemlig en divisionsalgoritme byggende på successiv subtraktion – men stående i en bog skrevet af en af "de fire store". Eksempel: Divider 4788 med 14. Opstillingen ser sådan ud [med vor talnotation]:

Bog 1 Elementer fra tallenes og algebraens historie E KINESERNE

```
              342
      14 ⌐  4788
              30
              17
              12
              58
              40
              18
              16
              28
              20
               8
               8
               0
```

Som man ser, gik man altså selv i de kredse langsommere frem, end vore skoleelever gør!

Henimod 1500-tallet stagnerede matematikken i Kina. Tilsyneladende var den ikke i stand til at komme afgørende videre – måske fordi matematikerne aldrig havde givet sig af med at formulere begrundelser. Netop omkring denne tid skete der til gengæld afgørende nytænkning i Europa, og i løbet af et århundrede var europæisk matematik nået betydeligt længere, end det var sket i noget af de orientalske kultursamfund.

Bog 1 Elementer fra tallenes og algebraens historie   E KINESERNE

Opgaver til 1E KINESERNE

Opgave 1E1
Angiv tallene 536, 7002, 14306, 117281 og 3412070 ved anvendelse af [illustration med] stavtal.

Opgave 1E2
Angiv tallene 536, 7002, 14306, 117281 og 3412070 ved anvendelse af hieroglyfcifre [benyt vore sædvanlige betegnelser 1, 2, 3, , 9, og find selv på nogle symboler for *ti, hundrede, tusinde,* ...].

Opgave 1E3
Udregn 536 + 747 samt 814 − 536 ved anvendelse af [illustration med] stavtal.

Opgave 1E4
En morgen var min bagerjomfru i drilsk humør, så da jeg spurgte om, hvad et rugbrød kostede, og hvad et trekornsbrød kostede, svarede hun: "3 rugbrød og 2 trekornsbrød koster 78 kroner, og 5 rugbrød og 1 trekornsbrød koster 88 kroner. Så kan du selv regne det ud."

Hjælp mig, enten ved anvendelse af en opstilling som i Afsnit 34 eller ved en selvvalgt fremgangsmåde, og kontroller efterfølgende resultatet.

Opgave 1E5
Løs nedenstående opgave, enten på kinesisk facon [jf. Afsnit 34] eller ved en selvvalgt fremgangsmåde, og kontroller efterfølgende resultatet.

> 4 ænder, 1 vagtel og 1 høne koster 39 sølvmønter; 2 ænder, 3 vagtler og 1 høne koster 29 sølvmønter; og 1 and, 1 vagtel og 2 høns koster 19 sølvmønter. Hvad koster en and? En vagtel? En høne?

Opgave 1E6
Benyt den i Afsnit 34, Eksempel 5 anførte recept til at beregne, hvor højt oppe bambusstangen er knækket.

Kontroller dernæst metodens korrekthed ved bl.a. at anvende Pythagoras' sætning.

Opgave 1E7
Bestem den største fælles divisor for tallene 406 og 1073 ved den i Afsnit 35 omtalte metode [dvs. (praktisk talt) ved hjælp af Euklids algoritme; jf. Sætning 25 i Bog 2, Afsnit 52].

Bog 1 Elementer fra tallenes og algebraens historie   E KINESERNE

Opgave 1E8
Adder brøktallene 3/8, 5/12 og 5/21 på den i Afsnit 35 beskrevne måde, og kontroller, at resultatet er korrekt.

Opgave 1E9
Divider 3/8 med 5/12 på den i Afsnit 35 beskrevne måde, og kontroller, at resultatet er korrekt.

Opgave 1E10
Mit barnebarn Anders og jeg legede forleden med alle hans "tusser". Da vi lagde dem i bunker med 3 i hver, blev der 2 til rest; det blev der mærkværdigvis også, da vi lagde dem i bunker med 5 i hver; men da vi til sidst lagde dem i bunker med 4 i hver, blev der kun 1 til rest. Det var hver gang et større arbejde, for han havde mellem 100 og 150 tusser. Kan du fortælle mig præcis hvor mange, han havde?

Opgave 1E11
Divider 13739 med 26 ved benyttelse af den i Afsnit 37 beskrevne fremgangsmåde [divisionen går ikke op, så der afsluttes med angivelse af en rest nederst i opstillingen].

Opgave 1E12
I kapitel 7 i *Ni kapitler* behandles en metode, der kaldes *dobbelt falsk position* [som muligvis stammer fra Indien, og som også araberne og europæerne benyttede (til ind i 1600-tallet); jf. Opgave 1H23 samt eventuelt Opgave 2G11]. Lad os belyse metoden ved et eksempel.

> Ganger jeg 7 med 5 og fratrækker 12, får jeg 23; ganger jeg 4 med 5 og fratrækker 12, får jeg 8. Det tal, som ganget med 5 og derefter fratrukket 12, resulterer i 0, er bestemt ved
>
> $$\frac{4\cdot 23 - 7\cdot 8}{23 - 8}.$$

Angiv denne løsning ved en uforkortelig brøk. Kan du straks opstille en ligning og af den aflæse det fundne svar?

Opgave 1E13
Løs en af opgaverne fra *Ni kapitler*, som lyder nogenlunde sådan:

> Fem kanaler udmunder i en grøft. Hvis man åbner den første kanal alene, fyldes grøften på 1/3 dag. Af den anden kanal alene kan grøften fyldes på 1

Bog 1 Elementer fra tallenes og algebraens historie E KINESERNE

dag, af den tredje på 2½ dag, af den fjerde på 3 dage, og af den femte på 5 dage. Hvor lang tid tager det at fylde grøften, hvis alle fem kanaler åbnes på én gang?

F GRÆKERNE

38 Lidt historie

Vor europæiske kulturs vugge stod i Grækenland [inklusive Kreta og Lilleasiasiens kyst], som dog gennem lang tid vendte det primitive Europa ryggen; for især via fønikerne var grækerne knyttet til den mellemøstlige civilisation.

Omkring 1200 f.Kr. gik den græske bronzealderkultur til grunde, hvilket formodentlig først og fremmest skyldtes en klimaforværring i hele regionen med efterfølgende misvækst. En yderligere årsag til den bratte undergang var nordfra indtrængende fjender, muligvis den græske stamme dorerne. De følgende 400 år kender man ikke ret meget til. Omkring 1000 f.Kr. koloniserede især joniske stammer – på flugt fra fjenderne – Lilleasiens vestkyst, hvor de bl.a. grundlagde byerne Miletos og Efesos; og et halvt århundrede senere anlagde dorerne Sparta på Peloponnesos.

Omkring 800 f.Kr. begyndte grækerne på ny at træde ind i historiens lys. Klimaet var efterhånden blevet bedre, og i løbet af et par generationer voksede befolkningstallet voldsomt. Resultatet heraf var dels interne konflikter og dels endnu en udvandring fra den græske halvø. Den begyndte ca. 750 f.Kr. og gik denne gang især mod vest; bl.a. koloniseredes Sicilien og Syditalien, hvor byer som Syrakus, Kroton og Taras blev anlagt.

Omkring år 700 f.Kr. så samfundet helt anderledes ud end tidligere. Der var sket en betydelig økonomisk fremgang, og i takt med denne voksede skellet mellem rige og fattige. Bysamfundene domineredes af en politisk bevidst klasse af storbønder og købmænd.

På denne tid var Assyrien stadig den dominerende militærmagt i Sydvestasien; men 100 år senere var riget opløst. I første halvdel af 500-tallet f.Kr. beherskedes Lilleasien af Lydien, som jonierne sluttede forbund med. Men i 546 f.Kr. blev Lydien erobret af perserne, og perserne rykkede derefter frem mod de græske byer på Lilleasiens vestkyst. Mange joniere flygtede – hvad der betød en kulturindsprøjtning både i selve Grækenland (især Athen) og i de græske kolonier i Syditalien, mens Jonien selv aldrig kom helt til kræfter igen. Perserne besatte dog ikke Jonien, men lod det blive ved truslen, mod at jonierne anerkendte persernes overhøjhed. Nogle år senere havde perserne erobret Ægypten og Babylonien. Imidlertid var perserne tolerante i åndelige spørgsmål, og for Joniens byer betød persernes magtovertagelse egentlig først og fremmest et frugtbart møde med Sydvestasiens rige kultur. Et par generationer senere invaderede perserne imidlertid selve Grækenland; men da fandt nogle af de vigtigste, hidtil indbyrdes stridende, græske bystater endelig sammen, og efter en række udmattende slag – Marathon (490 f.Kr.), Thermopylæ (480 f.Kr.), Salamis (480 f.Kr.) og Platææ (479 f.Kr.) – opgav perserne deres ekspansionsforsøg mod vest.

Pyramider og andre gravmæler, templer, kolossale statuer, osv. i de gamle flodkulturer vidner ikke alene om teknisk dygtighed, men også om religionens dominerende indflydelse. I det græske område havde præsterne slet ikke en tilsvarende magtstilling.

Gennem fønikerne havde grækerne fået kendskab til en bogstavskrift, baseret på et semitisk alfabet med lutter konsonanter. Grækerne tilføjede selv nogle vokaltegn. En stor lettelse for handelen betød også prægning af sølvmønter i de joniske byer fra omkring 600 f.Kr.

I Joniens største by Miletos virkede vor vestlige kulturs første videnskabsmand, Thales (ca.625-546 f.Kr.). Med ham og de andre joniske *naturfilosoffer* skete et afgørende skifte i videnskabens historie. Mens alle hidtil eksisterende samfund byggede på ren *erfaringsvidenskab*, såkaldt *empirisk videnskab*, hvor man var tilfreds med at kende svar på spørgsmålet *hvordan*, så ville disse naturfilosoffer også vide *hvorfor*. De filosoferede over verdens tilblivelse og opbygning og ville ikke alene bygge på erfaringer, men også ræsonnere sig frem til viden på basis af deres forskellige hypoteser.

Blandt katalysatorerne for den nye videnskabelige udvikling i Jonien og snart også i det øvrige Storgrækenland kan nævnes det stimulerende møde med Sydvestasiens kultur, alfabetet, en kritisk holdning til gamle overleveringer, religiøs tolerance, fremkomsten af en fri og selvbevidst købmandsstand, sølvmønter, en øget politisk bevidsthed med offentlig debat, osv. I Athen skrev Solon i 594 f.Kr. således en lovsamling, som alle borgere skulle kende – hvilket også bidrog til udvikling af et kritisk sindelag.

39 Matematik som videnskab

Den mand, der traditionelt kaldes verdens første matematiker, Pythagoras (ca. 570-ca. 500 f.Kr.) fra øen Samos i Ægæerhavet, menes i sin ungdom at have studeret hos Thales. Senere opholdt han sig i flere år i Ægypten og Babylonien, hvor han ud over den stedlige matematik også blev bekendt med indernes og kinesernes; på sin rejse har han formodentlig fået kendskab til bl.a. den berømte sætning, som er opkaldt efter ham. Hjemkommet grundlagde han i 510 f.Kr. en skole i den syditalienske by Kroton, hvortil han måtte flygte.

Det er interessant at tænke på, at næsten samtidig med Thales og Pythagoras virkede Buddha (ca. 560-480 f.Kr.) og Kung-fu-tse (551-479 f.Kr.) i den anden ende af verden.

Som allerede nævnt i FORORD betyder det græske navneord *mathema videnskab*. Så pr. navngivning var matematikken oprindeligt selve videnskaben. Og det, vi kalder matematik, er stadig et forbillede for den samlede videnskab, bl.a. fordi matematikken udgør et logisk opbygget og sammenhængende system.

40 Talnotation

Det ældste græske talnotationssystem kaldes det *attiske* eller *herodianske*. Det var et enkelt grupperingssystem med grundtal *ti*. For 1, 2, 3 og 4 anvendtes et tilsvarende antal lodrette streger; for 5, 10, 100, 1000 og 10000 anvendtes talnavnets begyndelsesbogstav, dvs. hhv. Γ – og senere Π – [for *pente*], Δ [for *deka*], H [for *hekaton*], X [for *chirioi, kilo*] og M [for *myrioi, myriade*]. Navne for de øvrige naturlige tal dannedes ved at kombinere disse symboler på indviklet vis. Fx angav man 50 sådan:

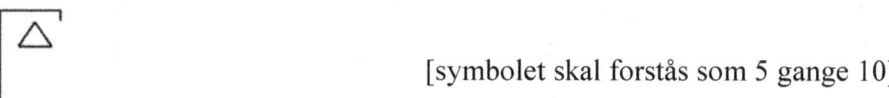   [symbolet skal forstås som 5 gange 10]

Det andet græske system, det *joniske*, indførtes i 400-tallet f.Kr., men kom først i almindelig brug i første århundrede f.Kr. Det havde ligeledes grundtal *ti*; og det havde specielle symboler ikke alene for 1, 2, 3, ..., 9 samt 10, 100 og 1000, men også for 20, 30, ..., 90, 200, 300, ..., 900. Som tegn anvendtes bogstaverne i det græske alfabet. I begyndelsen anvendtes store bogstaver, senere små bogstaver:

Bog 1 Elementer fra tallenes og algebraens historie F GRÆKERNE

α	β	γ	δ	ε	ς	ζ	η	θ	ι	κ	λ	μ	ν	ξ	ο	π	φ
1	2	3	4	5	6	7	8	9	10	20	30	40	50	60	70	80	90

ρ	σ	τ	υ	φ	χ	ψ	ω	ϖ
100	200	300	400	500	600	700	800	900

Figur 43

Her er nogle græske talnavne med vore tilsvarende talnavne nævnt i parentes:

μδ (44),   σλη (238),   φνε (555).

Det fremgår, at der ikke er tale om noget positionssystem. Det er der nu i meget beskedent omfang alligevel; for skulle man fx angive tallet 1000, så startede man forfra i alfabetet med α forsynet med et kommalignende symbol til venstre for α'et, osv. Men 10000 noterede man ved et M lige som i det attiske system. For at undgå misforståelser satte man ofte yderligere en streg over eller en accent bag ved talnavne for at skelne dem fra almindelige ord.

Systemet er ikke så bekvemt at udføre beregninger i, og i praksis anvendte man [ud over tabeller] da også regnebrætter. Lad os tage et enkelt eksempel på *græsk multiplikation* [som den kaldtes for at skelne den fra ægyptisk multiplikation, der jo var karakteriseret ved gentaget fordobling]; vi noterer sideløbende i vort eget talsystem.

Vi vil udregne μζ gange ωνβ [altså 47 gange 852]. Man udnyttede lige som vi den såkaldte *distributive lov* eller *regel* [jf. eventuelt Bog 2, Afsnit 3]; og her har det joniske system måske endda en lille pædagogisk fordel frem for vort system, idet der uden videre er tale om addender: tallene er jo faktisk [noteret med vort tegn for addition – grækerne benyttede ikke sådanne regnetegn] μ + ζ og ω + ν + β. Så det er blot at multiplicere hvert led i den ene sum med hvert led i den anden. Nu viser der sig til gengæld en ulempe ved det joniske system i forhold til vort; thi mens vi fx udregner 40 gange 800 ved at sige 4 gange 8 samt placere resultatet "på de rigtige pladser", så måtte grækerne – med mindre de anvendte en omfattende tabel – først oversætte μ gange ω til δ gange η [altså oversætte 40 gange 800 til 4 gange 8], udregne dette til λβ [dvs. 32] og dernæst oversætte λβ til $^{\gamma}$M,β [dvs. 3 gange 10000 plus 2000; husk, at 2000 noteredes sådan: ,β]. Denne ret omstændelige procedure, som man naturligvis ved træning kunne opnå rutine i, var nok grunden til, at man ikke samtidig kunne holde styr på menter m.m. Man udførte derfor én multiplikation ad gangen, og noterede som vist nedenfor.

$^\gamma M,\beta$	[32000 svarende til 40 gange 800]	Figur 44
$,\beta$	[2000 svarende til 40 gange 50]	
π	[80 svarende til 40 gange 2]	
$,\varepsilon\chi$	[5600 svarende til 7 gange 800]	
$\tau\nu$	[350 svarende til 7 gange 50]	
$\iota\delta$	[14 svarende til 7 gange 2]	

hvorefter man ved addition af disse seks led fandt

$^\delta M\mu\delta$ [40044]

Man havde ikke – og havde heller ikke behov for – noget symbol for *tom plads*, altså for *nul*.

Det joniske system anvendtes efterhånden overalt i den hellenistiske verden, bl.a. af Archimedes fra Syrakus (287-212 f.Kr.), Apollonius fra Perga (ca. 262-190 f.Kr.) og Diophant fra Alexandria (omkring 250 e.Kr.). Det er tydeligt, at talnotationssystemet ikke var hensigtsmæssigt til angivelse af store tal. Selv da den græske matematik stod på sit højeste, måtte mænd som Archimedes og Apollonius udtænke særlige måder at angive store tal på. Man må have det joniske system i tankerne, når man vil forstå Archimedes' værk *Sandregneren*, hvori det diskuteres, om der findes tal så store, at man ikke kan angive dem. Archimedes godtgjorde, at man kan angive tal, som overstiger antallet af sandkorn i universet (deraf titlen). Det tjener heller ikke til gunst for systemet, at de græske astronomer med Ptolemaois fra Alexandria (ca. 90-160 e.Kr.) i spidsen – endskønt de benyttede græske bogstaver som taltegn – fortsatte med at benytte det fra babylonierne nedarvede sexagesimalsystem [nå, det gør vi jo for resten også indimellem!].

41 Forskellige talopfattelser
Vi kender ikke skriftlige materialer fra Pythagoras' egen hånd, og heller ikke fra de første af hans disciple, de såkaldte *pythagoræere*. Vi må derfor bygge på senere tiders gengivelser af, hvad de tidligste pythagoræere beskæftigede sig med. For det første var de delt i to grupper, dels *akousmatikoi* [*lyttere*, som

vist mest drev talmystik] og dels *mathematikoi* [*matematikere*, som nåede et højere kundskabsniveau]. Det græske ord for tal er *arithmos*; og pythagoræerne udviklede en lære om tallene [hvormed de mente det, vi kalder *de naturlige tal*]. Denne tallære, *aritmetik*, må ikke forveksles med, hvad grækerne kaldte *logistik*, som var almindelig regning, herunder købmandsregning, brøkregning, osv.; den slags regnede pythagoræerne det ikke for muligt at drive videnskab med.

I dette hemmelige broderskab fandt man frem til egenskaber ved de naturlige tal – og *begrundede*, at tallene havde disse egenskaber. Bl.a. beskæftigede man sig meget med såkaldte *figurtal*, fx *trekanttal* som nedenstående.

Figur 45

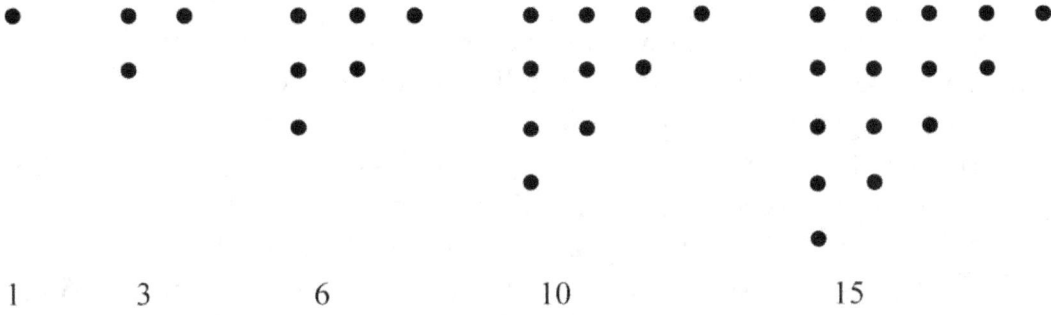

1   3   6   10   15

Fx bemærkede pythagoræerne, at summen af to nabotrekanttal er et kvadrattal – måske ved at betragte en illustration som Figur 46 – og at summen af en række på hinanden følgende ulige tal, begyndende med 1, er et kvadrattal – måske ved at betragte en illustration som Figur 47.

Figur 46   Figur 47

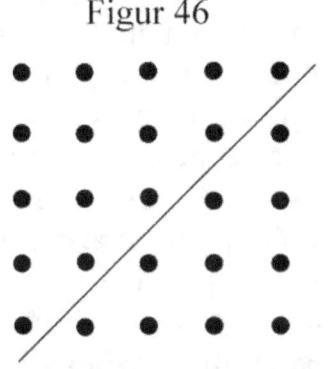   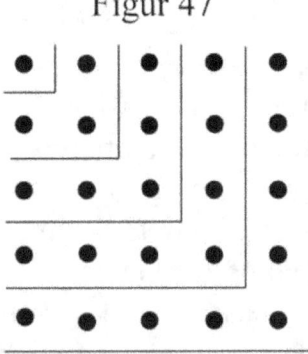

Endvidere syslede man med *lige* og *ulige* tal, med *rektangulære* tal [et sådant tal er et, som er produkt af to på hinanden følgende tal; fx er 6 (= 2·3) og 12 (= 3·4) rektangulære tal. Et rektangulært tal vistes at være sum af to ens trekanttal.], med *perfekte* eller *fuldkomne* tal [et sådant tal er et, for hvilket summen af alle de ægte divisorer er tallet selv; fx er 6 (= 1 + 2 + 3), 28 (= 1 + 2 + 4 + 7 + 14) og 496 perfekte tal.]. Også *venskabelige* tal blev undersøgt [at to tal er (indbyrdes) venskabelige betyder, at (det for ethvert af dem gælder, at) summen af alle de ægte divisorer i det ene er lig med det andet; fx er 220 og 284 venskabelige tal]. Endnu et emne var naturligvis *pythagoræiske* tal [at tre tal udgør et *pythagoræisk tripel* betyder, at de er (måltal for) henholdsvis kateterne og hypotenusen i en retvinklet trekant; fx er 3, 4, 5 og 5, 12, 13 pythagoræiske tripler].

Det voldte imidlertid pythagoræerne store vanskeligheder at komme til en tilfredsstillende erkendelse af, hvad et (naturligt) tal, et *arithmos*, egentlig er for noget – og det havde de naturligvis et stærkt behov for at vide, når de nu ønskede at give begrundelser for tallenes egenskaber.

Nogle forklaringer var ret så vidtløftige. Eksempelvis skal Hippasos fra Kroton [omkring 450 f.Kr.] have udtalt, at tallet er verdensskabelsens første billede og også den guddommelige verdensskabers redskab til at skelne. Philolaos [omkring 400 f.Kr.] hævdede, at tallet er det uskabte bånd, som hersker over det blivende i universet. Eudoxos fra Knidos (ca.408-355 f.Kr.) sagde mere jordnært, at et tal er en begrænset flerhed. Aristoteles fra Stageiros (384-322 f.Kr.) – som ikke selv var pythagoræer – nævnede i sin *Metafysik*, at pythagoræerne mente, at tallene ikke eksisterer adskilt fra sanseverdenens objekter, men at disse tværtimod er sammensat af tallene – idet pythagoræerne nemlig opbyggede hele verden ved hjælp af tal.

Det fremgår af ovenstående, at pythagoræerne har været meget optaget af tallenes natur, og at de – som Aristoteles fortæller – mente det muligt at give en på tallene baseret beskrivelse af verden. Som Eudoxos' udtalelse lader ane, regnede de ikke *en* [*eneren, enheden, monaden*] som et tal. Det kan forekomme os besynderligt; men det var der stor enighed om. Aristoteles formulerede det eksempelvis på den måde, at lige som en måleenhed er målingens begyndelse og grundlag, men ikke selv noget mål, så er *eneren* tællingens grundlag, tallets oprindelse, men ikke selv noget tal. Og pythagoræeren Nikomakos fra Gerasa [omkring 100 e.Kr.] sagde, at lige som punktet er linjens oprindelse, men ikke selv nogen linje, således er inden for tallene *eneren* oprindelsen til ethvert tal [og underforstået: men ikke selv noget tal]. Og som vi skal se i Afsnit 44, gik Euklid i sine *Elementer* også ind for denne opfattelse.

Omtalen af måling m.m. og sammenligningerne mellem *eneren* og tal på den ene side, og punkter og linjer på den anden, kan tyde på, at man dels tænkte på tallene som måleinstrument, og dels (næsten) identificerede *eneren* og et punkt. Også pythagoræernes beskæftigelse med figurtal peger i den retning. Og på samme måde som de tænkte sig *enheden* udelelig, har de muligvis tænkt på et punkt som en lille, udelelig kugle – og som sagt mere eller mindre identificeret et sådant med *eneren*. Platon fra Athen (427-347 f. Kr.), som var stærkt påvirket af pythagoræerne, siger i *Staten* bl.a., at hvis nogen i tankerne ville skære *eneren* op, så ville mestrene i denne kunst le ham ud og vise ham bort [kun materielle enheder kunne have dele, den abstrakte *enhed* kunne ikke – husk, at brøker hørte til i købmandsregningen (logistikken).].

Imidlertid var pythagoræerne og Platon ikke enige om, hvad tal er. For pythagoræerne var tallene konstituerende for alle universets ting, tallene er så at sige i tingene; sagt anderledes er tal altid benævnte, de eksisterer ikke i sig selv. Derimod tænkte Platon sig tallene som fra tingene adskilte ideále og ulegemlige objekter i "idéernes sande verden, som findes i den fysiske verdens yderste rand". Tallene eksisterer altså ifølge Platon uafhængigt af nogen bevidsthed og er *rene*, dvs. ikke-benævnte/ubenævnte; men de kan erkendes og gøres til genstand for den menneskelige tanke.

Platons elev Aristoteles var ikke enig med ham. Han mente som pythagoræerne, at tallene ikke har nogen af tingene [eller snarere af menneskene!] uafhængig natur; men på den anden side mente han ikke, at tallene *er* i tingene – tværtimod er tallene efter hans opfattelse begreber, dannet ved abstraktion i det enkelte menneskes bevidsthed. Ud fra passende mange oplevelser af benævnte tal abstraherer vi rene tal [begrebet *tre* ved abstraktion ud fra diverse eksempler på samlinger af tre objekter, osv.].

Gennem disse kortfattede forsøg på gengivelse af forskellige talopfattelser håber jeg at have gjort klart, at tal i hvert fald er et kompliceret emne at forholde sig til! Men nok om det i denne omgang. Lad os vende os mod pythagoræernes forsøg på at beskrive verden ved hjælp af tallene.

Bog 1 Elementer fra tallenes og algebraens historie F GRÆKERNE

Platon fra Athen (427-347 f.Kr.), der var elev af Sokrates, grundlagde i året 385 f.Kr. Akademiet i Athen, en filosofskole, som bestod til kejser Justinian lukkede den i 529 e.Kr.

Platon hævdede i sin idélære, at tallene er rene og eksisterer uafhængigt af nogen bevidsthed, men at de kan erkendes og gøres til genstand for den menneskelige tanke. Herved afveg han fra pythagoræerne, som mente, at tal altid er benævnte og ikke eksisterer i sig selv, men i en vis forstand "er i tingene".

Aristoteles fra Stageiros (384-322 f. Kr.) var i 20 år medlem af Platons Akademi og senere lærer for Alexander den Store. Han regnes for at være den egentlige grundlægger af logikken.

Aristoteles var uenig med både Platon og pythagoræerne. Han mente ikke, at tallene eksisterer uafhængigt af nogen bevidsthed, og heller ikke, at de "er i tingene"; derimod er tallene efter hans opfattelse begreber, dannet ved abstraktion i det enkelte menneskes bevidsthed.

42 Alt er tal – og dog!

Ifølge legenden kom Pythagoras en dag forbi en smedje, hvor fem smede hamrede på hver sit stykke jern. Han gik indenfor og lyttede; og med smedenes velvilje fandt han efterhånden ud af, at vægtene af de fire af hamrene, hvis lyde var i indbyrdes harmoni, stod i simple talforhold til hinanden, mens vægten af den sidste hammer, hvis lyd var i disharmoni med de øvrige hammeres lyde, ikke havde noget simpelt talforhold til disses vægte. Han eksperimenterede efterfølgende med strenge af forskellig længde og fandt ud af, at tilsvarende forhold gjorde sig gældende her. Han udarbejdede en hel musikteori – en harmonilære – baseret på tal og simple talforhold. Med baggrund i dette fik han den idé, at alt måtte kunne beskrives ved hjælp af tal og simple talforhold [dvs. hvad vi kalder positive brøktal]; kort formuleret: *alt er tal*. Hele universet skulle altså kunne beskrives ved tal og simple talforhold – udtrykket *sfærernes harmoni* har måske sin rod i denne opfattelse.

Som konsekvens af denne idé skulle der til noget så enkelt som to linjestykker være knyttet to tal, deres måltal, målt med et passende lille linjestykke som måleenhed – det skulle jo blot komme ud på at tælle, i hvor mange stykker den passende valgte måleenhed delte hvert af de to linjestykker. I værste fald kunne man forestille sig at skulle helt "til grænsen" og tælle op hvor mange punkter, hvert af de to linjestykker bestod af. Lad os se en konsekvens af denne tankegang.

Eksempel 6

Vi betragter et vilkårligt kvadrat. Ifølge pythagoræernes talopfattelse (og geometriopfattelse) måtte der findes et "passende lille" linjestykke, sådan at side og diagonal i kvadratet var henholdsvis s og d gange denne måleenhed [hvor s og d er naturlige tal]. At dette er tilfældet, går vi ud fra nedenfor.

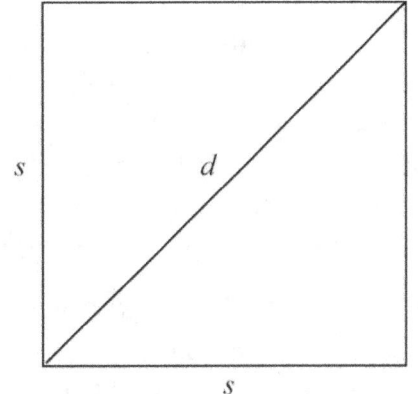

Figur 48

Pythagoras' sætning fortæller så [udtrykt med vor notation], at $d^2 = s^2 + s^2 = 2s^2$. Heraf fremgår, at d^2 er et lige tal; og så må også d være et lige tal [for produktet af to ulige tal er jo selv ulige; jf. eventuelt Eksempel 33 i Bog 2, Afsnit 25]. Vi kan derfor sætte $d = 2d_1$ [mere udførligt og præcist: der findes et naturligt tal d_1, sådan at $d = 2d_1$] og af ovenstående ligning slutte, at $d^2 = 4d_1^2 = 2s^2$, og videre, at $s^2 = 2d_1^2$. På samme måde kan vi nu slutte, at s må være et lige tal; dernæst, at d_1 er et lige tal – og altså, at d er et multiplum af 4. Osv., osv.; vi kan fortsætte processen "i det uendelige" og slutte, at d er et multiplum af enhver potens af 2, i modstrid med, at d jo er et bestemt naturligt tal. Vi slutter heraf, at antagelsen om, at diagonal og side kan måles med samme selv nok så lille linjestykke, er falsk.

Med et senlatinsk ord siges to linjestykker som eksempelvis diagonal og side i et kvadrat at være *inkommensurable*[24]. Vi udtrykker som oftest det fundne ved at sige, at forholdet mellem diagonal og side i et kvadrat ikke er et rationalt tal [et rationalt tal er det samme som et brøktal] – eller at det er et *irrationalt* tal [eller at $\sqrt{2}$ (som forholdet faktisk er) er et irrationalt tal. Vi tager dette op igen i Eksemplerne 21 og 34 i Bog 2, henholdsvis Afsnit 17 og Afsnit 26, samt i Bog 3, Afsnittene 39 og 53-54]. ∎

Med et eksempel som dette var pythagoræernes forsøg på at give en beskrivelse af verden ved hjælp af tal brudt sammen! Nogle mener, at det var eksemplet med kvadratet, som kuldkastede teorien; andre, at katastrofen skete i forbindelse med pythagoræernes logo, en regulær 5-stjerne. Denne studerer vi i Eksempel 7 nedenfor.

Eksempel 7

Til venstre i Figur 49 er vist pythagoræernes logo, en regulær 5-stjerne. 5-stjernen er vist igen til højre, blot er der her indtegnet yderligere nogle linjestykker, og nogle punkter er givet navne. Såvel *ABCDE* som *A'B'C'D'E'* er regulære femkanter. Da geometri ikke er vort emne, vil jeg ikke give udførlige begrundelser, men dog gå så omhyggeligt frem, at argumentationen forhåbentlig bliver overbevisende.

Vi antager på ny, at der kan vælges – og er valgt – et "tilpas lille" linjestykke som måleenhed, sådan at længden af diagonalen *AD* og længden af siden *AB* er (bestemte) naturlige tal.

---

[24] Ordet *inkommensurable* betyder *som ikke kan måles med samme måleenhed*.

Figur 49

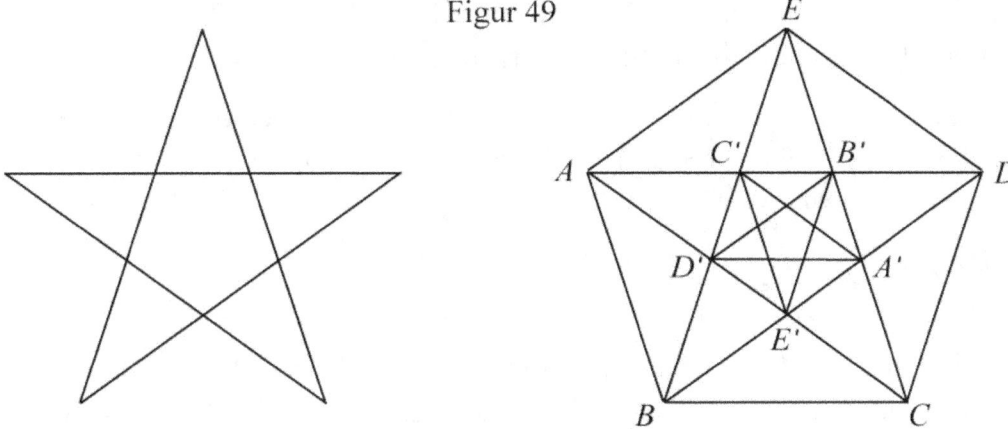

Idet vi nedenfor opfatter eksempelvis AB som længden af linjestykket AB, finder vi, at

$$AD - AB = AD - BC = AD - AB' = DB' = AC'.$$

Det følger heraf, at også AC' er et naturligt tal [altså at linjestykket AC' målt med den valgte måleenhed har et naturligt tal som længde]. Dernæst slutter vi af

$$AB - AC' = BC - AC' = AB' - AC' = B'C',$$

at også $B'C'$ er et naturligt tal. Og i fortsættelse heraf, at

$$AC' - B'C' = A'D' - B'C',$$

som viser, at også i den regulære femkant $A'B'C'D'E'$, som er mindre end den regulære femkant $ABCDE$, er forskellen mellem diagonal og side et naturligt tal. Da vi tydeligvis kan fortsætte dette argument "i det uendelige", er vi nået til en modstrid med vor antagelse [differens mellem diagonal og side bliver jo ifølge denne antagelse et mindre og mindre naturligt tal for hver af de mindre og mindre regulære femkanter – og det er i modstrid med, at den første differens var et bestemt naturligt tal, og at der jo kun er endeligt mange naturlige tal mindre end det]. Med den opnåede modstrid har vi bevist, at diagonal og side i en regulær femkant ikke kan måles med samme selv nok så lille linjestykke. ∎

Forholdet mellem diagonal og side for en regulær femkant [som også er forholdet mellem "stjernestykket" AD og delen AB' deraf, jf. (18) nedenfor] har for øvrigt spillet en stor rolle – ikke mindst i kunsten – helt op til vore dage. Det kaldes *det gyldne forhold* eller *det gyldne snit*. Ifølge Eksempel 7 er også dette forhold et irrationalt tal. Det vender vi tilbage til i Eksempel 22 i Bog 2, Afsnit 17; men allerede her vil vi studere forholdet lidt nærmere.

Lad os kalde forholdet g, dvs. $g = AD/AB$ [idet vi benytter betegnelserne fra Figur 49, som du i øvrigt bedes følge med på]. Vi finder [idet vi undervejs udnytter, at trekanterne ADE' og $AB'D'$ er ensvinklede]:

$$g = \frac{AD}{AB} = \frac{AD}{BC} = \frac{AD}{AB'} = \frac{AE'}{AD'} = \frac{AB'}{AC'} \; . \tag{18}$$

Det fremgår heraf, at AB' er mellemproportional mellem AD og AC', dvs. at AD forholder sig til AB', lige som AB' forholder sig til AC'; endvidere fremgår af (18), at begge disse forhold er det gyldne snit.

Forestil dig nu, at vi "bøjer" linjestykket AD [se Figur 49] en vinkel på 90° ved B' [jf. Figur 50], altså så $B'D$ bliver vinkelret på AB', og at vi dernæst supplerer op, så vi får et rektangel $AB'DF$. Det fremgår, at forholdet mellem længste og korteste side i dette "maleri" netop er det gyldne snit g.

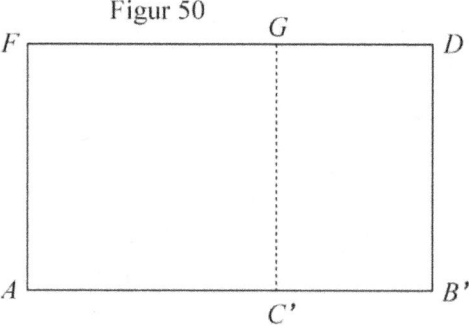

Figur 50

Da $AF = B'D = AC'$, er $AC'GF$ et kvadrat. Endvidere finder vi [idet jo også $A'B'C'D'E'$ er en regulær femkant; jf. Figur 49]:

$$\frac{DB'}{B'C'} = \frac{A'D'}{A'B'} = g \; . \tag{19}$$

Rektanglet i Figur 50, der kaldes et *gyldent rektangel*, fordi forholdet mellem dets længste og korteste side er det gyldne snit, er altså karakteriseret ved, at der ved "bortskæring" af et kvadrat [$AC'GF$] fås et nyt gyldent rektangel [$B'DGC'$]. Det er ret yndet at lade malerier have form som et gyldent rektangel, og ofte har også maleriers komposition "noget med det gyldne snit at gøre" [jf. fx [12] i Litteraturlisten].

Den umiddelbare reaktion på opdagelsen af, at der findes inkommensurable linjestykker [(jf. Eksemplerne 6 og 7) dvs. to linjestykker, for hvilke det gælder, at ligegyldigt hvor lille et linjestykke man vælger som måleenhed, så kan de ikke begge måles med det, altså deres længder ikke begge udtrykkes som (naturlige) tal], var et forsøg på hemmeligholdelse. I den forbindelse kan det nævnes, at mens nogle mener, at det var Pythagoras selv, der opdagede eksistensen af inkommensurable linjestykker, så mener andre, at det var Hippasos – samt, at han røbede hemmeligheden til udenforstående og blev druknet for denne formastelighed.

Efterhånden rystede de sandhedssøgende grækere dog chokket af sig – men betænk, at det var hele det pythagoræiske verdensbillede, menneskehedens første forsøg på at give en generel omverdensbeskrivelse, der var brudt sammen. Grækerne drog meget naturligt den konklusion, at geometrien var mere generel end tallene. For med geometriens midler kunne man både angive ethvert (naturligt) tal [som længden af et linjestykke målt med en passende enhed] og ethvert forhold mellem to (naturlige) tal [som forhold mellem to kommensurable linjestykker] – og derudover kunne man [som vi netop har set eksempler på] angive forhold mellem to inkommensurable linjestykker. I fortsættelse af denne konklusion lagde de geometrien – og ikke tallene – til grund for deres opbygning af matematikken.

På dette grundlag skabte Eudoxos fra Knidos sin imponerende *proportionslære*, der, bortset fra sin geometriske iklædning, i ikke ringe grad svarer til de konstruktioner af de reelle tal, som blev udformet i anden halvdel af 1800-tallet – og som vi skal stifte bekendtskab med i Bog 3, Kapitel F. En central rolle i proportionslæren spillede det såkaldte *exhaustionsprincip*; dette går kort fortalt ud på følgende: Givet to størrelser a og b med a større end b. Fra a trækkes nu en størrelse, som er større end halvdelen af a; til rest bliver en størrelse a_1. Processen gentages med a_1 i stedet for a; osv. Efter et vist antal skridt opnås en størrelse a_n, som er mindre end b. Specielt Archimedes [jf. omtalen i Bog 3, Afsnit 36], der regnes for Oldtidens største naturvidenskabsmnad, var ekspert i at anvende exhaustionsprincippet.

Pythagoras fra Samos, ca. 570-ca. 500 regnes for at være verdens første matematiker. I den syditalienske by Kroton grundlagde han en skole, eller snarere et broderskab, hvis medlemmer kaldes pythagoræere.

Pythagoras er (måske) den første, der har bevist den efter ham opkaldte sætning. Hans forsøg på at give den første verdensbeskrivelse ved hjælp af tallene led skibbrud med opdagelsen af de inkommensurable linjestykker. Dette førte meget naturligt til, at man opfattede geometrien som noget mere fuldkomment end tallene, og i konsekvens heraf lagde geometrien til grund for matematikken.

43 Et lille sidespring

Et punkt kunne altså ikke være en lille, udelelig kugle med en vis udstrækning; for i så fald ville ethvert linjestykke være sammensat af et vist – naturligvis endeligt – antal punkter, i modstrid med, at der findes inkommensurable linjestykker. Et punkt kunne derfor ikke have nogen udstrækning, det måtte være uendeligt lille, og et linjestykke måtte være sammensat af uendeligt mange punkter. Hvad enten man tænker på "uendelige processer" eller på linjestykker sammensat af "uendeligt mange" punkter, så havde pythagoræerne fået prikket hul på en hvepserede: begrebet *uendelig*. Meget kortfattet og (alt for) forenklet kan man sige, at matematikken siden har været én lang kamp med dette begreb!

Zenon fra Elea fremsatte omkring 450 f.Kr. fire paradokser, hvori han påpegede nogle – mente han – urimeligheder som konsekvens af at forestille sig størrelser delt "i det uendelige". Paradokserne var formodentlig tænkt som en reaktion mod pythagoræerne. Det berømteste af disse paradokser handler om et kapløb mellem den fodrappe Achilleus og skildpadden. Det går kort fortalt ud på følgende: Skildpadden har fra starten et forspring, og hver gang Achilleus er nået dertil, hvor skildpadden just var, så er den nået et stykke længere. Altså vil Achilleus aldrig indhente skildpadden! – Men på den anden side ved enhver, at det gør han!

Vi skal faktisk frem til 1800-tallet, før det lykkedes at give en tilfredsstillende forklaring på Zenons paradokser. Samtiden kunne det i hvert fald ikke. Og i erkendelse af vanskelighederne søgte grækerne fremover at undgå at bygge deres matematik på uendelighedsbegrebet.

Med de pythagoræiske idéers skibbrud blev matematikkens stilling en anden. Man opgav at beskrive verden; ja, faktisk blev den videnskabelige matematik helt løsrevet fra praktiske anvendelser [hvorimod det praktiske livs matematik ikke ændredes]. Dette betød ikke, at matematiske studier blev uvæsentlige for filosofferne; men hensigten blev en anden. Fx så Platon matematikken som et middel til at opnå erkendelse af den *uforanderlige* virkelighed bag mangfoldigheden af fænomener. Og da hans mere praktisk indstillede elev Aristoteles så det som naturbeskrivelsens opgave at beskrive og forklare *forandringer*, så måtte han i konsekvens heraf anse matematikken for uegnet til naturbeskrivelse!

På grund af Aristoteles' autoritet betragtedes matematikken desværre som uegnet til beskrivelse af den jordiske virkelighed op gennem hele Middelalderen. Først med italieneren Galileo Galilei (1564-1642) kom matematikken igen til at spille en central rolle i den henseende. Man tør dårligt gisne om – men spændende er det – hvordan verden ville have set ud i dag, hvis Platon og Aristoteles ikke havde haft en sådan magt over sindene – kort sagt, hvis den af Galilei påbegyndte moderne naturbeskrivelse med matematikken som et fundamentalt hjælpemiddel var startet næsten 2000 år tidligere.

44 Euklids *Elementer*

Næst efter *Bibelen* er Euklids *Elementer* det mest udbredte litterære værk i den vestlige verden, hvor det overalt har præget matematikundervisningen til langt ind i det 20. århundrede – ja, selv nu øver det indflydelse, om end mindre direkte. Om personen Euklid ved man meget lidt. Han levede i Alexandria omkring 300 f.Kr. og sammenfattede i 13 bøger tidens matematik på en logisk sammenhængende måde, der stadig aftvinger stor respekt. Vi ved så nogenlunde, hvem ophavsmændene til de fleste af de behandlede emner er; men Euklid har som sagt om- og indarbejdet de forskellige bidrag til et hele. Og så har han – i modsætning til de fleste andre – været heldig derved, at hans hovedværk ubeskåret er blevet bevaret for eftertiden.

Lad os se på *aritmetikken*, dvs. læren om tallene (*arithmos*), hos Euklid (Bog VII). *Enheden* [monaden] fastlagde han sådan:

Bog 1 Elementer fra tallenes og algebraens historie   F GRÆKERNE

> En *enhed* er det, på grund af hvilken enhver ting kan kaldes *et*. Et *tal* [arithmos] er et mangefold af enheder.

Bemærk dels, at der ikke var tale om abstrakte tal, men om et antal [af en eller anden slags] ting; dvs. tal optrådte aldrig alene, men var altid benævnte – og dels, at *enheden* selv [lige som hos pythagoræerne] ikke regnedes for et tal. Videre definerede Euklid:

> Et tal er *del* af [vi siger *divisor* i] et andet tal, det mindre i det større, hvis det deler det større. Et *lige* tal er et tal, som kan deles i to ens dele. Et *ulige* tal er et tal, som ikke kan deles i to ens dele, eller som adskiller sig fra et lige tal med en enhed.

Lad os nævne – og gengive hans bevis for – en af bogens sætninger:

> Hvis lige tal, så mange som vi ønsker, adderes, så er det hele lige.

Bevis: [Tal illustreres altid ved linjestykker hos Euklid.] Lad lige tal, *AB*, *BC*, *CD*, *DE*, så mange vi ønsker, blive adderet.

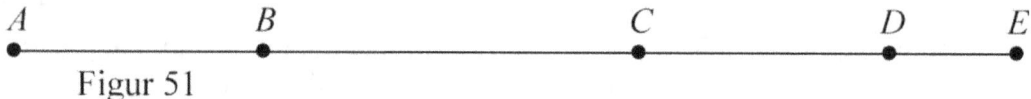

Figur 51

Jeg siger, at det hele *AE* er lige. Thi eftersom ethvert af tallene *AB*, *BC*, *CD* og *DE* er lige, så har det en halv del; sådan at det hele *AE* også har en halv del. Men et lige tal er det, som kan deles i to ens dele; derfor er *AE* lige, hvilket skulle bevises. ∎

Beviset er typisk for Euklid. Det er *retorisk*, dvs. skrevet i ord. Det udtaler sig om "tal, så mange vi ønsker", men begrundes ved hjælp af et passende "repræsentativt" antal, her fire. Videre definerede han:

> Et *primtal* er et tal, som kun måles af enheder. Et *sammensat* tal er et, som måles af et eller andet tal.

Lad os efter disse smagsprøver give et par eksempler fra det, der senere er blevet kaldt *geometrisk algebra* (fra Bog II i *Elementerne*). Den første sætning hørende til dette område lyder:

> Hvis en ret linje er delt vilkårligt, så er kvadratet på hele linjen lig med summen af kvadraterne på stykkerne og to gange det rektangel, der indesluttes af stykkerne.

Bog 1 Elementer fra tallenes og algebraens historie   F GRÆKERNE

Bemærk, at Euklid med en linje mener et linjestykke.

Sætningen udtrykker geometrisk, hvad *vi* algebraisk ville formulere [jf. eventuelt Bog 2, (34) i Afsnit 8]:

$$(a + b)^2 = a^2 + b^2 + 2ab$$

[men Euklid tænkte på "rigtige" kvadrater og rektangler, *ikke* på talkvadrater og produkter.]

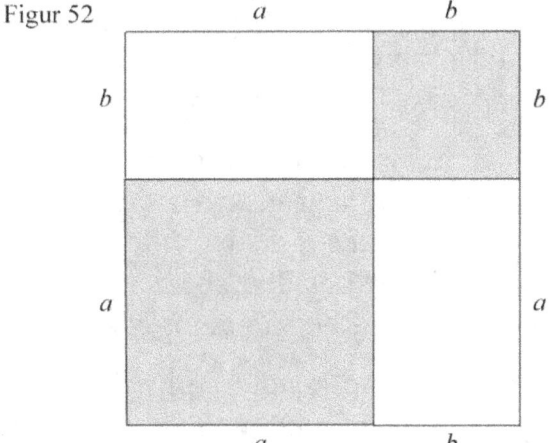

Figur 52

Mon du kan gennemskue, hvad der ligger bag den næste sætning:

> Når en ret linje er delt i lige store og i ulige store stykker, så er det rektangel, der indesluttes af hele linjens ulige store stykker, samt kvadratet på stykket mellem delingspunkterne, lig med kvadratet på halvdelen.

Situationen er følgende: Det givne linjestykke er *AB*, som ved *C* og *D* er delt i henholdsvis lige store og ulige store stykker. Summen af [arealerne af] rektanglet *ADEF* og kvadratet *GHIE* er lig med [arealet af] kvadratet *BCHK*.

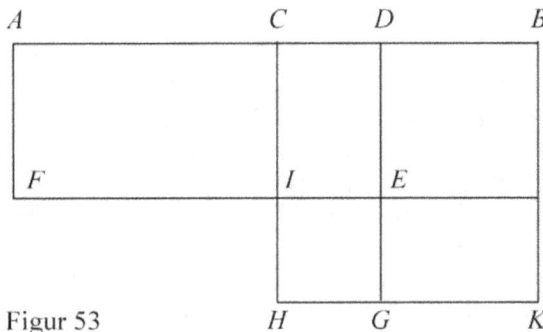

Figur 53

Kalder vi [længderne af] linjestykkerne *AD* og *DB* for henholdsvis *a* og *b*, så udtrykker Euklids geometriske sætning, hvad vi algebraisk ville formulere på følgende måde:

$$ab + \left(\frac{a-b}{2}\right)^2 = \left(\frac{a+b}{2}\right)^2 \qquad (20)$$

Denne sætning blev i øvrigt meget anvendt i Middelalderens behandling af ligninger. Men det er værd at bemærke, at Euklid aldrig talte om at multiplicere to linjestykker. Hvis linjestykkerne repræsenterede tal, så kunne disse tal naturligvis multipliceres; men produktet repræsenteredes så på ny ved et linjestykke – aldrig ved et rektangel (eller et kvadrat)!

Mens fx babylonierne løste andengradsligninger algebraisk, så løste Euklid andengradsligninger geometrisk. Ja, egentlig løste han overhovedet ikke andengradsligninger! For det ville kræve, at han opfattede et rektangel som et produkt af to nabosider, specielt et kvadrat som produkt af en kant med sig selv – og det gjorde han netop ikke.

Grækerne/Euklid kendte udmærket de babyloniske løsningsmetoder for andengradsligniger, men regnede dem måske kun som hørende til logistikken.

Euklid fra Alexandria, ca. 300 f. Kr. Han sammenfattede og systematiserede sin tids matematik i 13 bøger, *Elementerne*, som næst efter *Bibelen* er det mest udbredte skrift i vor vesterlandske kultur.

Man mener at vide, at han var elev af Platon, men ellers kender man stort set intet til hans liv. Ifølge legenden bad kong Ptolemaios I ham om at lære sig matematik; og da kongen var en utålmodig elev, belærte Euklid ham sådan: "Der findes ingen kongevej til geometrien." Altså, sagt mere direkte: "Matematik *er* svært!"

45 Diophant

Den sidste store matematiker i den antikke græske kulturkreds var Diophant, som levede i Alexandria henimod 300 e.Kr. [dvs. næsten 800 år efter Pythagoras]. Han var både præget af den græske matematiks krav om "strenge" beviser og samtidig påvirket af den orientalske traditions mere praktiske talmæssige indstilling. Den syntese, der kom ud af det, var en betydelig nyskabelse; men desværre blev hans hovedværk [med det latinske navn] *Arithmetica* først kendt af europæerne i form af en latinsk version fra 1575 [en del af værket var gået tabt; men det meste havde overlevet i Konstantinopel og blev reddet ud før tyrkernes erobring af byen i 1453] – og på det tidspunkt var europæerne langt om længe i forvejen så småt ved at "vriste sig ud af geometriens favntag".

Diophants grundsyn på tal (arithmos) var nogenlunde som Aristoteles', dvs. et tal var for ham en abstraktion. Men han gik et skridt videre, idet han forestillede sig det muligt at dele *enheden* (monaden), som han betegnede M. I det hele taget benyttede Diophant en del forkortelser i sin talnotation – han skabte det, der senere er blevet kaldt *synkoperet algebra*[25]. Fx skrev han

  $M\delta$ [som betegnelse for 4 enheder]

og

  $M\alpha$ [som betegnelse for 1 enhed!].

▶ **Bemærkning**: Pædagogisk set er det måske ingen dårlig idé a la Diophant at skrive $1x$ for 1 stk. af den ubekendte x. Ikke så få skoleelever mistolker jo fx $2x$ som $2 + x$; den slags fejl kunne måske forebygges ved at indøve det som 2 stk. af den ubekendte (eller variable) x. ◀

Endvidere skrev Diophant eksempelvis

  $M\overset{o}{\delta}{}^{\gamma}$ som betegnelse for 3/4 [af den oprindelige] enhed.

Hertil nogle kommentarer: Vi husker for det første, at γ betød 3, og at δ betød 4. Ser vi bort fra γ'et, skal resten af symbolsammenstillingen opfattes som en ny enhed: *fjerdedel*; og γ fortæller, at der skal tages 3 af de nye enheder. Diophant opfattede altså ikke sine nye "brøktal" som kvotienter, men som et helt antal af en ny enhed – med andre ord ikke som (eksempelvis) 3/4, men som 3·1/4, dvs. som 3 stk. af den nye enhed. Altså på en måde, der virkelig berettiger gloserne *tæller* og *nævner*: Nævneren navngiver/nævner/benævner den nye enhed, tælleren fortæller/tæller hvor mange af de nye enheder, der er tale om [a propos: der er tydeligvis nær forbindelse mellem ord som *tale, tal, tælle, fortælle*]. Faktisk beskæftigede Diophant sig altså ikke med brøktal; hans talbegreb er egentlig (også) kun relateret til naturlige tal, nemlig som et vist antal – gerne nye – enheder.

---

[25] Det græske ord *synkopé* betyder *afhugge*.

Diophant arbejdede systematisk med begrebet *ubekendt*; men han anvendte ikke et bogstav som betegnelse derfor – han sagde *arithmos* både om et kendt tal og om et u(be)kendt tal; og det kunne godt give problemer, specielt hvis der i en opgave var flere ubekendte! Han opfattede et ubekendt tal som et bestemt tal, som han blot ikke for øjeblikket kendte, men som det gjaldt om at bestemme. Der var altså på ingen måde tale om det, vi kalder en *variabel* [jf. Bog 2, Afsnit 22]. Man kan måske sige det på den måde, at en ubekendt er midlertidigt ubestemt, en variabel evigt ubestemt [man giver virkelig slip på noget ved overgang fra begrebet *ubekendt* til begrebet *variabel* – en kendsgerning, som fortjener større pædagogisk opmærksomhed]. Og "det store skridt ud i det evigt ubestemte" tænkte Diophant slet ikke på at tage – eller turde måske ikke, ihukommende problemerne med begrebet uendelig.

46 Et par eksempler fra Diophants *Arithmetica*

Lad os slutte behandlingen af grækerne med et par eksempler fra Diophants *Arithmetica*.

Eksempel 8

I det første ville Diophant

> finde to tal, så deres sum og deres produkt udgør to givne tal.

Han indleder sin løsning med at nævne, at det er nødvendigt, at kvadratet på den halve sum af de tal, der skal findes, er et kvadrat større end produktet af disse tal, "noget som i øvrigt fremgår af en figur", tilføjer han. Vi noterer os, at selv om Diophant ikke som Euklid illustrerer tal ved linjestykker, så ligger den slags tanker altså alligevel bag som begrundelser. [Vi skal senere se, at man først havde held til at påbegynde udviklingen af en hensigtsmæssig algebraisk notation fra omkring år 1600 – så Diophant kunne (lige som Euklid) kun argumentere geometrisk, og slet ikke, som vi gør nedenfor.]

Diophant løser opgaven sådan [jeg citerer fra side 74 i [1]]:

> Lad os derfor antage, at summen af tallene udgør 20 enheder og at deres produkt udgør 96 enheder. Sæt tallenes overskydende del [dvs. differensen mellem tallene] til 2 størrelser. Da summen af tallene er 20 enheder, vil, hvis vi deler denne i to lige store dele, hver af delene være halvdelen af summen, dvs. 10 enheder. Hvis vi tager halvdelen af tallenes overskydende del, dvs. 1 størrelse, og lægger til en af delene og trækker fra den anden del, konstateres det på ny at summen af tallene er 20 enheder og at deres overskydende del er 2 størrelser. Lad os nu sætte at det største tal er 1 størrelse forøget med 10 enheder, som er halvdelen af summen af tallene; så vil det mindste

tal være 10 enheder minus 1 størrelse, og det konstateres, at summen af tallene er 20 enheder, og at deres overskydende del er 2 størrelser. Der skal også gælde at produktet af tallene udgør 96 enheder. Men deres produkt er 100 enheder minus kvadratet på 1 størrelse; hvad vi sætter lig med 96 enheder, og størrelsen bliver 2 enheder. Følgelig vil det største tal være 12 enheder, og det mindste af tallene 8 enheder, og disse tal tilfredsstiller opgaven. ∎

Lad os indføre lidt bekvem notation ved at kalde de to søgte tal a og b. Og lad os så se på Diophants løsning, formuleret ved brug af a og b: Vendingen "Sæt tallenes overskydende del til 2 størrelser" svarer til [med a og b som betegnelser for tallene med a som det største] at indføre en ubekendt x ved ligningen: $a - b = 2x$. Videre [med disse betegnelser] udtrykker han, at $(a + b)/2 = 10$, og at $(a - b)/2 = x$, og at det derfor gælder, at $a = 10 + x$ og $b = 10 - x$. Heraf fremgår, at $ab = 100 - x^2$; og da ab skal være 96, så må den ubekendte x være 2. Det største af tallene må altså være 12 og det mindste 8 [hvorefter han en sidste gang samvittighedsfuldt kontrollerer, at alt stemmer].

Se nu på formlen (20) i Afsnit 44. Det er tydeligvis den [eller rettere Euklids geometriske formulering af den], Diophant benytter [også til at angive hans ovenfor omtalte nødvendige betingelse]. Vi kan foretage nogle særdeles nyttige omskrivninger ud fra (20). Kalder vi summen af a og b for s, og produktet af a og b for p, så finder vi af (20), idet vi for nemheds skyld multiplicerer ligningen igennem med 4:

$$(a-b)^2 = (a+b)^2 - 4ab = s^2 - 4p.$$

Det fremgår heraf, at opgaven kun kan have løsning, såfremt $s^2 - 4p \geq 0$ [hvormed vi algebraisk har indset, at denne ulighed er en nødvendig betingelse]. Idet vi forudsætter $a \geq b$, gælder videre, at

$$a - b = \sqrt{s^2 - 4p}.$$

Sammenholder vi denne ligning med ligningen $a + b = s$, finder vi herefter ved addition og subtraktion (samt halvering) henholdsvis

$$a = \frac{s + \sqrt{s^2 - 4p}}{2} \quad \text{og} \quad b = \frac{s - \sqrt{s^2 - 4p}}{2}. \tag{21}$$

Endelig bemærker vi, at hvis $s^2 - 4p \geq 0$, så fremgår af de fundne udtryk for a og b, at $a + b = s$ og at $ab = p$ [jf. Opgave 1F22]. Vi har hermed alt i alt indset, at $s^2 - 4p \geq 0$ er en både nødvendig og tilstrækkelig betingelse for, at opgaven har en løsning, samt at løsningen [for $s^2 - 4p \geq 0$ og med $a \geq b$] er bestemt ved (21).

Lad os sammenligne Diophants løsning med vor. Vi noterer os for det første, at Diophant indledningsvis vælger bestemte "pæne" tal for summen s og produktet p af tallene a og b [henholdsvis 20 og 96]. At operere med "generelle" tal (her såkaldte *parametre*) s og p indlader han sig ikke på. [Parametre er tal, som egentlig er givne, men hvis værdi vi "ikke på forhånd binder os til" – eller bedre: "selv kan vælge, når det passer os". I Afsnit 66 diskuterer vi den store fordel ved at benytte parametre; men du opfordres til allerede at gøre dig nogle tanker her.]

Videre noterer vi os, at Diophant ved hjælp af et eksempel angiver en *metode* [akkurat som babylonierne; dog sikrer Diophant sig undervejs omhyggeligt, at alt er i orden]. Læg mærke til, at metoden/recepten/fremgangsmåden/algoritmen må gentages for hvert nyt valg af værdier for s og p.

Vi derimod angiver en *formel*. Og med (21) har vi så at sige gjort os færdige én gang for alle. I (21) optræder s og p nemlig ganske som variabler [jf. eventuelt Bog 2, Afsnit 22], og vi kan efterfølgende frit vælge værdier for dem – blot skal disse værdier tilfredsstille den omtalte nødvendige og tilstrækkelige betingelse.

Vi bemærker endelig, at Diophant i sin opgavebesvarelse hele tiden kun benytter det skrevne til at fastholde, hvad han allerede har ræsonneret sig frem til. Han er ikke i stand til at udnytte [hvad der svarer til] (20) på en "dynamisk" måde svarende til vor algebraiske omskrivning. I vor løsning er det derimod sådan, at tankearbejdet er knyttet til regneoperationerne. Og med rutine i algebraisk taktik og teknik [og husk: at befordre tilegnelse heraf er netop emnet for Bog 2!] er omskrivningerne nærliggende. Vi vil senere i forbindelse med Kapitel H – og især i Bog 2 – drage dette aspekt frem igen: I den såkaldte *symbolske algebra* erstatter omskrivningerne/regneoperationerne så at sige tankearbejdet, forstået på den måde, at man – sagt meget firkantet – ikke behøver at tænke forud, før man skriver ned. Tankearbejdet er med andre ord knyttet til omskrivningerne, som kan udføres rent "mekanisk" ved anvendelse af nogle regneregler – og så kan man i princippet bagefter tolke, hvad omskrivningen fortæller. Men naturligvis kræver det rutine og lejlighedsvis endog stor kreativitet at foretage hensigtsmæssige omskrivninger. Det er netop den slags, der efter min opfattelse udgør *algebraens væsen*! ■

Vi slutter med endnu et eksempel, som viser den store opfindsomhed, Diophant ofte lagde for dagen – og nødvendigvis måtte lægge for dagen for at løse den betragtede opgave.

Eksempel 9

Den vanskelige opgave, Diophant her betragter, lyder:

> Find tre tal i proportion, sådan at differensen mellem vilkårlige to af dem er et kvadrat.

Nedenstående løsning følger Diophant; men for at gøre det lettere at forstå tankegangen benytter jeg dog vor symbolik samt indfletter forklarende eller oplysende ord:

> Lad det mindste af tallene være x, det mellemste $x + 4$ og det største $x + 13$ [hvorved det er sikret, at differensen mellem to på hinanden følgende af tallene er et kvadrattal, nemlig henholdsvis 4 og 9]. Så er imidlertid forskellen mellem det største og det mindste 13, som ikke er et kvadrattal. Derfor må vi erstatte 13 med et kvadrat, som er sum af to kvadrater. Enhver retvinklet trekant [med naturlige tal som sidelængder; dvs. ethvert pythagoræisk tripel] giver os, hvad vi ønsker; lad os vælge 3, 4 og 5 [med kvadrater 9, 16 og 25, og hvor 9 + 16 = 25]. Vi sætter derfor [i stedet for ovenstående] de tre tal lig med x, $x + 9$ og $x + 25$.

> Den sidste betingelse [den med proportionen] giver, at $x + 9$ forholder sig til x lige som $x + 25$ til $x + 9$; dvs. der skal gælde: $(x + 9)(x + 9) = x(x + 25)$. Det giver $x = 81$ syvendedele. En løsning er altså 81 syvendedele, 144 syvendedele, og 256 syvendedele.

Som det fremgår af de to eksempler, var Diophant tilfreds med at bestemme en løsning, han insisterede ikke på at finde alle løsninger.

Bog 1 Elementer fra tallenes og algebraens historie   F GRÆKERNE

Opgaver til 1F GRÆKERNE

Opgave 1F1
Angiv tallene 536, 7002 og 44306 i det joniske talnotationssystem.

Opgave 1F2
Udregn 536 + 747 samt 814 − 536 i det joniske talnotationssystem [tallene angives i det joniske system før udregning].

Opgave 1F3
Udregn 41·68 i det joniske talnotationssystem [tallene angives i det joniske system før udregning].

Opgave 1F4
Angiv trekanttal nr. 6, 7 og 8 [nr. 1, 2, 3, 4 og 5 er de i Figur 45 nævnte] samt rektangulært tal nr. 6, 7 og 8 [nr. 2 og 3 er nævnt i teksten under Figur 47].

Opgave 1F5
For et vilkårligt naturligt tal n vil vi betegne det n^{te} rektangulære tal r_n. Ifølge definitionen af rektangulære tal gælder altså, at

(1) $r_n = n \cdot (n+1)$.

Illustrer hvert af de rektangulære tal r_6, r_7 og r_8 ved et passende rektangel, og kontroller, at formlen (1) er i overensstemmelse med disse eksempler.

Opgave 1F6
For et vilkårligt naturligt tal n vil vi betegne det n^{te} trekanttal t_n. Ifølge definitionen af trekanttal [jf. Figur 45 i Afsnit 41] gælder altså, at

(2) $t_n = 1 + 2 + 3 + \ldots + (n-1) + n$.

Udled ved figurbetragtning, at det for et vilkårligt naturligt tal n gælder, at

(3) $r_n = 2 \cdot t_n$.

Konkluder ud fra (2) og (3) samt (1) i Opgave 1F5, at der for ethvert naturligt tal n gælder følgende vigtige formel:

(4) $1 + 2 + 3 + \ldots + (n-1) + n = \dfrac{n \cdot (n+1)}{2}$.

Bog 1 Elementer fra tallenes og algebraens historie   F GRÆKERNE

Opgave 1F7

Konkluder ud fra (1) og (4) i opgaverne ovenfor, at det for ethvert naturligt tal n gælder, at

(5) $2+4+6+\ldots+2\cdot(n-1)+2\cdot n = n\cdot(n+1)$.

Tegn et rektangel svarende til $n = 5$, og illustrer ved "passende delrektangler" på figuren, at $2 = 1\cdot 2 = r_1$, $2 + 4 = r_1 + 4 = 2\cdot 3 = r_2$, $2 + 4 + 6 = r_2 + 6 = 3\cdot 4 = r_3$, $2 + 4 + 6 + 8 = r_3 + 8 = 4\cdot 5 = r_4$ og $2 + 4 + 6 + 8 + 10 = r_4 + 10 = 5\cdot 6 = r_5$.

Opgave 1F8

For et vilkårligt naturligt tal n vil vi betegne det n^{te} kvadrattal k_n. Ifølge definitionen af kvadrattal gælder altså, at

(6) $k_n = n^2$.

Udled ved figurbetragtning [jf. Figur 47], at det for et vilkårligt naturligt tal n gælder, at

(7) $k_n = 1+3+5+\ldots+(2n-1)$.

Konkluder ud fra (6) og (7), at det for ethvert naturligt tal n gælder, at

(8) $1+3+5+\ldots+(2n-1) = n^2$.

Opgave 1F9

I nedenstående tabel er for $n = 1, 2, 3, 4, 5$ og 6 udregnet summen S_n [denne betegnelse vil vi ikke "binde", men i de følgende opgaver tillade os at benytte om helt andre summer] af n og det tilsvarende kvadrattal k_n. Kontroller, at S_n i alle seks tilfælde er et rektangulært tal. Angiv også hvilket nummer rektangulært tal S_n er, altså det m, for hvilket $S_n = r_m$.

n	k_n	S_n
1	1	2
2	4	6
3	9	12
4	16	20

Bog 1 Elementer fra tallenes og algebraens historie F GRÆKERNE

5	25	30
6	36	42

Giv ved figurbetragtning en begrundelse for, at summen af et vilkårligt naturligt tal og "det tilsvarende" kvadrattal er et rektangulært tal. Giv også en algebraisk begrundelse for påstanden, dvs. foretag passende omskrivninger på summen af n og n^2.

Opgave 1F10

I nedenstående tabel er for $n = 1, 2, 3, 4, 5$ og 6 udregnet summen S_n af følgende tre tal: det n^{te} kvadrattal k_n, det $(n+1)^{\text{te}}$ kvadrattal k_{n+1} og det dobbelte af det "mellemliggende" rektangulære tal r_n. Kontroller, at S_n i alle seks tilfælde er et kvadrattal. Angiv også hvilket nummer kvadrattal S_n er, altså det m, for hvilket $S_n = k_m$.

n	k_n	k_{n+1}	r_n	$2 \cdot r_n$	S_n
1	1	4	2	4	9
2	4	9	6	12	25
3	9	16	12	24	49
4	16	25	20	40	81
5	25	36	30	60	121
6	36	49	42	84	169

Giv ved figurbetragtning en begrundelse for, at summen af to på hinanden følgende kvadrattal plus det dobbelte af det "mellemliggende" rektangulære tal altid er et kvadrattal. Giv også en algebraisk begrundelse for påstanden, dvs. benyt de i de foregående opgaver fundne formler og foretag passende omskrivninger.

Bog 1 Elementer fra tallenes og algebraens historie   F GRÆKERNE

Opgave 1F11

I nedenstående tabel er for $n = 1, 2, 3, 4, 5$ og 6 udregnet summen S_n af summen af følgende tre tal: de to på hinanden følgende rektangulære tal r_n og r_{n+1} samt det dobbelte af det "mellemliggende" kvadrattal k_{n+1}. Kontroller, at S_n i alle seks tilfælde er et kvadrattal. Angiv også hvilket nummer kvadrattal S_n er, altså det m, for hvilket $S_n = k_m$.

n	r_n	r_{n+1}	k_{n+1}	$2 \cdot k_{n+1}$	S_n
1	2	6	4	8	16
2	6	12	9	18	36
3	12	20	16	32	64
4	20	30	25	50	100
5	30	42	36	72	144
6	42	56	49	98	196

Giv ved figurbetragtning en begrundelse for, at summen af to på hinanden følgende rektangulære tal plus det dobbelte af det "mellemliggende" kvadrattal altid er et kvadrattal, altså at $r_n + r_{n+1} + 2 \cdot k_{n+1}$ er et kvadrattal [hvilket?!]. Giv også en algebraisk begrundelse for påstanden.

Opgave 1F12

I nedenstående tabel er for $n = 1, 2, 3, 4, 5$ og 6 udregnet summen S_n af kvadrattallet k_n og det rektangulære tal r_n. Kontroller, at S_n i alle seks tilfælde er et trekanttal. Angiv også hvilket nummer trekanttal S_n er, altså det m, for hvilket $S_n = t_m$.

n	k_n	r_n	S_n
1	1	2	3
2	4	6	10
3	9	12	21
4	16	20	36

Bog 1 Elementer fra tallenes og algebraens historie   F GRÆKERNE

5	25	30	55
6	36	42	78

Ved figurbetragtning er det ikke så ligetil at give en begrundelse for, at summen af et kvadrattal og "det tilsvarende" rektangulære tal er et trekanttal, altså at $k_n + r_n$ er et trekanttal [hvilket?!]; forsøg alligevel [nok lettest ved at illustrere kvadrat og rektangel ved prikker a la Figur 46]. Forsøg også at give en algebraisk begrundelse for påstanden.

Opgave 1F13

I nedenstående tabel er for $n = 1, 2, 3, 4, 5$ og 6 udregnet summen S_n af det rektangulære tal r_n og det efterfølgende kvadrattal k_{n+1}. Kontroller, at S_n i alle seks tilfælde er et trekanttal. Angiv også hvilket nummer trekanttal S_n er, altså det m, for hvilket $S_n = t_m$.

n	r_n	k_{n+1}	S_n
1	2	4	6
2	6	9	15
3	12	16	28
4	20	25	45
5	30	36	66
6	42	49	91

Forsøg ved figurbetragtning [jf. Opgave 1F12] at give en begrundelse for, at summen af et rektangulært tal og det efterfølgende kvadrattal er et trekanttal, altså at $r_n + k_{n+1}$ er et trekanttal [hvilket?!]. Forsøg også at give en algebraisk begrundelse for påstanden.

Opgave 1F14

I nedenstående tabel er for $n = 1, 2, 3, 4, 5$ og 6 udregnet summen S_n af det n^{te} kvadrattal k_n, det $(n+1)^{te}$ kvadrattal k_{n+1} og kvadratet på det "mellemliggende" rektangulære tal r_n. Kontroller, at S_n i alle seks tilfælde er et kvadrattal. Angiv også hvilket nummer kvadrattal S_n er, altså det m, for hvilket $S_n = k_m$.

n	k_n	k_{n+1}	r_n	r_n^2	S_n
1	1	4	2	4	9
2	4	9	6	36	49
3	9	16	12	144	169
4	16	25	20	400	441
5	25	36	30	900	961
6	36	49	42	1764	1849

Forsøg at give en algebraisk begrundelse for, at summen af to på hinanden følgende kvadrattal plus kvadratet på det "mellemliggende" rektangulære tal er et kvadrattal, altså at $k_n + k_{n+1} + r_n^2$ er et kvadrattal [hvilket?!].

Opgave 1F15
Gør rede for, at 496 er et perfekt/fuldkomment tal.

Opgave 1F16
Gør rede for, at ingen af tallene 30, 31, 32, ..., 39 er perfekte/fuldkomne. Angiv hvilke af tallene, der er *undervægtige*, og hvilke, der er *overvægtige* [dvs. tal, for hvilke summen af de ægte divisorer er henholdsvis mindre end og større end tallet selv].

Opgave 1F17
Gør rede for, at 220 og 284 er indbyrdes venskabelige tal. Begrund, at 220 ikke kan være indbyrdes venskabeligt med noget andet tal end 284. Begrund i fortsættelse heraf, at intet naturligt tal kan være indbyrdes venskabeligt med mere end ét andet naturligt tal.

Opgave 1F18
Angiv mindst tre sæt af pythagoræiske tripler, som hverken er 3, 4, 5 eller 5, 12, 13 eller multipla af et af disse tripler.

Opgave 1F19
Bevis formlen (20) i Afsnit 44.

Opgave 1F20
Forsøg at løse følgende opgave fra en opgavesamling, samlet omkring 500 e.Kr.:

> Diophant var barn en sjettedel af sit liv, ung i en tolvtedel, og tilbragte yderligere en syvendedel som ungkarl. Fem år efter sit giftermål fik han en søn, som døde fire år før sin fader, og i en alder som netop var halvdelen af faderens alder ved dennes død. Hvor gammel blev Diophant?

Opgave 1F21
Angiv løsningen [her to naturlige tal] til Diophants opgave i Eksempel 8, idet de to givne tal oplyses at være 17 og 66 [som er henholdsvis summen og produktet af de to ubekendte tal]. Angiv også løsningen, hvis de givne tal er henholdsvis 26 og 144.

Opgave 1F22
Gør rede for, at hvis s og p er to (positive) tal for hvilke $s^2 - 4p \geq 0$, og hvis a og b tilfredsstiller (21) i Afsnit 46, så gælder, at $a + b = s$ og $ab = p$.

Opgave 1F23
Angiv et eksempel, hvor summen s og produktet p i Diophants opgave i Eksempel 8 er naturlige tal, mens de to ubekendte tal a og b [hvis sum og produkt altså er henholdsvis s og p] er irrationelle.

Opgave 1F24
Angiv naturlige tal for summen s og produktet p i Diophants opgave i Eksempel 8, for hvilke opgaven ingen løsning har, altså hvor der ikke findes to (reelle) tal a og b, hvis sum og produkt er henholdsvis s og p.

Opgave 1F25
Lad det være givet, at summen s og produktet p i Diophants opgave i Eksempel 8 er naturlige tal. Overvej, om der i en sådan situation kan tænkes at eksistere to ikke-hele brøktal a og b, hvis sum og produkt er henholdsvis s og p. Hvis du mener, at svaret er ja, så forsøg at finde et sådant eksempel; hvis du mener, at svaret er nej, så forsøg at give en begrundelse for, at det forholder sig sådan.

Bog 1 Elementer fra tallenes og algebraens historie   F GRÆKERNE

Opgave 1F26
Angiv en anden løsning [dvs. tre positive brøktal] end den anførte til Diophants opgave i Eksempel 9.

Opgave 1F27
Løs følgende opgave fra Diophants *Arithmetica*:

> Find fire tal for hvilke summerne af tre af dem er henholdsvis 22, 24, 27 og 20.

G ARABERNE

47 Lidt historie

Med overskriften *araberne* hentydes til den civilisation, der fremkom i kølvandet på profeten Muhameds virke og islams opståen på den arabiske halvø i 600-tallet e.Kr., og som i løbet af mindre end hundrede år dominerede i et kæmpemæssigt område omfattende det meste af Spanien, et bredt bælte i Nordafrika, herunder Ægypten, samt Syrien, Mesopotamien og hele Perserriget helt til Indiens grænser.

Storriget blev til under utallige såvel ydre som indre krige, og udgjorde kun i en kort periode – om overhovedet – en politisk helhed af fast støbning. Religionen var ganske vist et forenende bånd; men den var splittet i så uforenelige retninger, at der i islams navn har været ført flere krige indadtil end udadtil. Af større betydning har det egentlig været, at arabisk sprog blev udbredt over store områder, hvilket lettede samkvem og handel ganske væsentligt. Og endnu mere betydningsfuldt var det, at mange andre kulturelementer med tiden blev udbredt over umådelige afstande. Ved arabisk mellemkomst stod næsten hele den civiliserede verden i indbyrdes kontakt.

Adskillige nationaliteter var samlet i det arabiske område, også inden for mindre områder. Eksempelvis havde okkulte kræfter overtaget styringen af lærdomscentret i Alexandria; og i 529 e.Kr. lukkede den østromerske kejser Justinian Platons gamle Akademi i Athen. Mange lærde flygtede ved lejligheder som disse til især Nisibis i Mesopotamien og Jundishapur i Persien, hvor de blandede sig med persiske, jødiske, kristne, syriske og indiske befolkningsgrupper. Disse og andre steder blev der i tidens løb oversat flere græske og indiske videnskabelige arbejder – i første omgang hovedsageligt til syrisk.

De tidligste arabiske erobringer i Spanien faldt sammen med slutningen af den europæiske folkevandringstid, således at araberne her kom i kontakt også med germanske stammer. Araberne i Spanien kaldtes/kaldes ofte misvisende for *maurerne*, en betegnelse, romerne brugte om et folk, som i oldtiden boede i Mauretanien, det nuværende Marokko.

Efterhånden gik magten i det islamiske rige over til det såkaldte *Abbasiddynasti* (750-1258), opkaldt efter Mohammeds onkel Abbas. Det arabiske riges storhedstid indtraf under de tre store kaliffer al-Mansur (754-775), som i 762 grundlagde Bagdad [ved Tigris, lidt nord for Babylon] og flyttede sin residens dertil fra den hidtidige hovedstad Damaskus, Harun al-Rashid (786-809) og al-Mamun (809-833).

I 773 medbragte en indisk ambassadør en *Siddhanta* af Brahmagupta, som omhandlede astronomi og matematik, og formodentlig også nyheden om hinduernes ciffersystem; den lod al-Mansur oversætte. Harun al-Rashid [det er ham fra *1001 Nat*] var endnu mere aktiv på det videnskabelige område, idet han støttede og til sit hof indbød lærde, ikke mindst græske og indiske. Han sendte også folk rundt i verden for at opkøbe manuskripter med henblik på oversættelse. Bl.a. er astronomen Ptolemaios' hovedværk, skrevet i Alexandria i midten af 100-tallet e.Kr., endnu den dag i dag kendt under sin arabiske titel *Almagest*. Også eksempelvis Euklids *Elementer* samt en hel del græsk filosofi blev oversat til arabisk; dog blev Aristoteles oversat via de omtalte syriske oversættelser/bearbejdelser, som var præget af nyplatonisme. Tilsvarende gælder indiske værker, bl.a. af Brahmagupta. Sådanne oversættelser reddede sikkert i mange tilfælde værkerne fra at gå tabt; det kan i den forbindelse nævnes, at biblioteket i Alexandria brændte i 47 f.Kr.

Kulminationen indtraf med Haruns søn al-Mamun, som bl.a. lod Visdommens Hus i Bagdad opføre. Allerede under hans efterfølger, som flyttede hovedstaden lidt nordpå til Samarra, begyndte en nedgangstid. De sidste 400 år af Abbasidernes historie blev præget af oprør og indbyrdes kampe, og fra midten af 800-tallet var kalifferne sjældent herskere af andet end navn. Men den litterære videnskabelige virksomhed fortsatte dog.

I Spanien og på Sicilien oversattes og bearbejdedes lige som i Bagdad en lang række af videnskabelige værker; og i perioder var det til det muslimske Spanien, man rejste fra Europa, når man ville studere.

48 Talnotation

På Muhameds tid skrev araberne alle tal som almindelige sprogord. Imidlertid var de store erobringer næsten umulige at administrere med så primitive midler, så indførelsen af en mere hensigtsmæssig talnotation var næsten en nødvendighed. Faktisk benyttedes ofte lokale talnotationssystemer i de erobrede områder. I 700-tallet benyttedes flere steder det græske notationssystem, baseret på bogstaver som taltegn [først græske, senere arabiske]. Også babyloniernes sexagesimalsystem blev anvendt. Fra omkring 750 begyndte araberne at anvende indiske tal; og efter oversættelsen af den ovenfor omtalte Brahmagupta-Siddhanta i 773 gik det stærkt med udbredelsen af disse. De i den forbindelse brugte taltegn var langt fra ens i hele riget, først og fremmest skelner man mellem øst- og vestarabiske taltegn [se Figur 54].

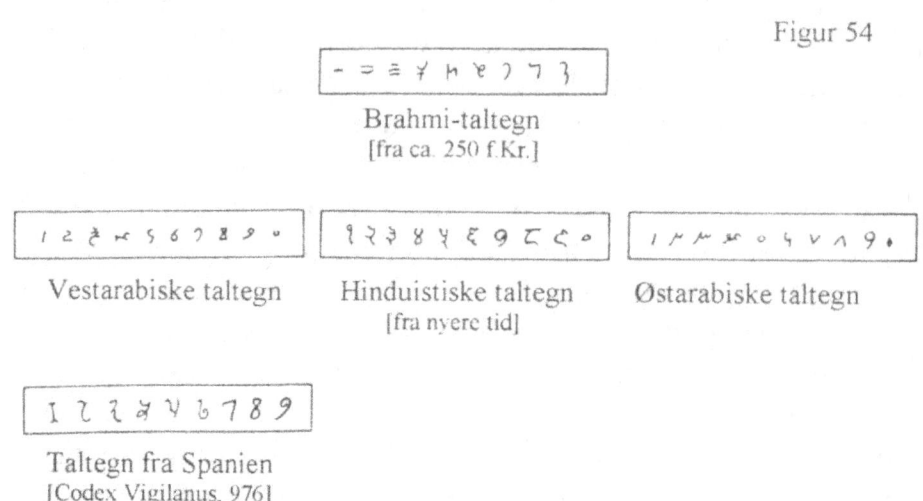

Figur 54

De østarabiske taltegn kaldtes *indiske tal* af araberne, mens de vestarabiske – som i begyndelsen ikke havde noget tegn for *nul* – kaldtes *sandtal* eller *støvtal*. Dette skyldes, at de (som oftest) blev noteret på en tavle, dækket af et lag fint sand; derimod har man ikke fundet tegn på, at de i Europa almindelige regnebrætter med sten eller lignende blev anvendt. På tavlerne delte man op i søjler og savnede derfor ikke *nullet*; alligevel satte man ofte prikker over cifrene [én prik for at markere *tiere*, to for at markere *hundreder*, osv.]. Allerede i 800-tallet fandtes papirmøller i Bagdad, og på papir – som dog var meget dyrt – satte man i begyndelsen også sådanne prikker; men snart gik man over til at skrive cifrene uden prikker og med en lille cirkel som symbol for *tom plads* (*nul*).

De indiske cifre slog som sagt hurtigt an blandt araberne, ikke mindst blandt købmænd og forfattere af aritmetikbøger. Men af ukendte årsager vendte en del sådanne forfattere sidenhen tilbage til den helt gamle form, hvor alle tal blev skrevet ud i ord.

49 Al-Khwarizmi

I Visdommens Hus i Bagdad sad omkring 820 en mand, som skulle få stor betydning for matematikken – ja, faktisk for hele vor vestlige kultur. Han hed intet mindre end Abu Abdullah Mohammed ibn Musa al-Khwarizmi al-Magusi (ca.780-850); den sidste del af det lange navn står for, at han var søn af Musa fra byen Khoresm syd for Aral-søen, og at en af hans forfædre var præst. Al-Khwarizmi, af hvis navn ordet *algoritme* er afledt [se nedenfor samt Fodnote 40 i Bog 2, Afsnit 22], er først og fremmest kendt for en aritmetikbog, gennem hvilken europæerne hørte om indernes talnotationssystem, og en algebrabog, fra hvis titel disciplinen *algebra* har fået navn.

Hans aritmetikbog var den første nogensinde, som forklarede de elementære regneoperationer med tal noteret i det cifrerede decimale positionssystem. Dens grundlag synes at være oversættelser af især Brahmagupta. Den originale arabiske tekst er gået tabt – men ifølge arabiske kilder skulle dens titel have betydet noget i retning af *Bogen om addition og subtraktion ved indiske beregningsmetoder*. Gennem latinske oversættelser [en pålidelig sådan synes *Algoritmi de numero indorum* at være] og bearbejdelser fra 1100-tallet [bl.a. en udvidet version, skrevet af John fra Sevilla: *Liber algorismi de practica arithmetice*] har vi alligevel et godt kendskab til bogen. Den nye talnotation blev i Europa af en stor del af læserne forbundet med al-Khwarizmi og kendt under navnet *algoritme* [den latinske oversættelse indledtes med (hvad der svarer til): "Således sagde Algoritmi"]; denne betegnelse har overlevet som betegnelse for systematiske metoder til udførelse af regneoperationer – fx til udførelse af addition, lang division, kvadratrodsuddragning, osv. Vi skal nedenfor se et par af al-Khwarizmis metoder. Efter en lovprisning af Allah fortsatte bogen nogenlunde sådan:

> Vi har besluttet at give et billede af hinduernes beregningsmetoder ved hjælp af ni bogstaver og at vise, hvordan de skriver alle deres tal med disse af simpelheds- og kortshedsgrunde, for at gøre det lettere for dem, der lærer aritmetik; dvs. store og små tal og alt hvad der har at gøre med dem, multiplikation og division, også addition og subtraktion. ... Hinduerne havde så ni bogstaver, som ser sådan ud *). Der er variationer i formen af bogstaverne, når forskellige folk skriver dem, især for 5, 6, 7 og 8, men det giver ikke vanskeligheder. De er symboler til at notere tal med, og dette er de former, hvor de nævnte variationer optræder: 5 6 7 8.

Taltegnene ved *) såvel som alle efterfølgende er blevet tilføjet senere, så det vides ikke hvilke symboler, al-Khwarizmi benyttede. Formodentlig har han brugt de østarabiske taltegn, men været opmærksom på de vestarabiske [se Figur 54 i Afsnit 48 ovenfor]. Bemærk, at al-Khwarizmi kun talte om ni symboler. Rimeligvis regnede han ikke 0 for et tal, men kun som et tegn, ved hjælp af hvilket tal kunne noteres [de øvrige ni cifre angav derimod tal].

Han forklarede derefter detaljeret, hvordan værdien af et taltegn ændredes, når det placeredes på en anden plads, samt om brugen af 0. Mens talnotationen var hensigtsmæssig, var udtalen af talsymbolerne meget omstændelig. Fx læste han 1180703051492863 sådan:

> Et tusind tusind tusind tusind tusinder fem gange og et hundred tusind tusind tusind tusinder fire gange og firs tusind tusind tusind tusinder fire gange og så syv hundred tusind tusind tusinder tre gange og tre tusind tusind tusinder tre gange og enoghalvtreds tusind tusinder to gange og fire hundred tusinder og tooghalvfems tusinder og otte hundrede og treogtres.

En sådan måde at læse talsymbolerne på holdt sig længe i både arabisk og vesteuropæisk litteratur [der kan selv vor check-notation ikke være med!].

Araberen al-Khwarizmi, ca. 780-850 fik gennem en aritmetikbog, der som den første nogensinde gav en indføring i regneoperationer med tal i titalsystemet, og en algebrabog, hvis hovedemne var andengradsligninger, stor indflydelse på matematikkens – og dermed på civilisationens – udvikling.

Ordet *algoritme*, der benyttes som betegnelse for en systematisk regneteknisk fremgangsmåde, er afledt af hans navn. Og disciplinen *algebra* har fået navn efter ordet *al-jabr*, der kan oversættes ved *genopretning* eller *fuldstændiggørelse*, fra titlen på hans algebrabog.

50 Al-Khwarizmis regning

Efter denne gennemgang af selve talnotationssystemet gennemgik al-Khwarizmi lige så omhyggeligt, hvad han kaldte *indiske metoder* til talberegninger. Addition og subtraktion udførte han på samme måde, som vi gør nu. Multiplikation gennemførte han ved den gittermetode, vi allerede så på i forbindelse med inderne.

Eksempel 10
Lad os som eksempel se, hvordan han udregnede 749·528:

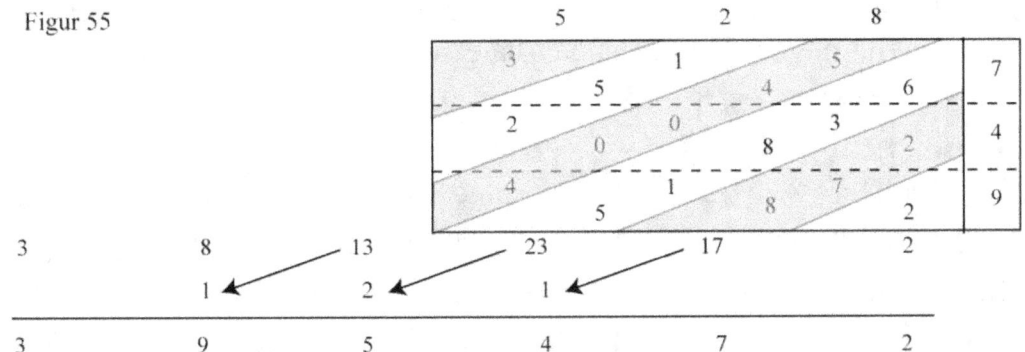

Figur 55

Division med rest udførte han også ret enkelt. Lad os tage et eksempel.

Eksempel 11
Vi vil dividere 23965 med 376 ved at bestemme den heltallige kvotient samt den principale rest. Dividenden 23965 noteres i linje A, og divisoren 376 næstnederst [her i linje H]. 3 [fra divisoren] kan subtraheres 7 gange fra 23; men det er klart, at 7 gange 376 er mere end 2396. Vi noterer derfor 6 i sidste linje [I] efter et enkelt *nul* [dette placeres, fordi 3 er større end 2, eller rettere fordi 376 er større end 239]. Følg så forklaringen efter linjerne B, C og D. Derefter bemærkes, at 3 [fra 376] kan subtraheres 4 gange fra 14 [fra linje D]; men at 4 gange 376 er mere end 1405. Vi noterer derfor 3 efter 6-tallet i sidste linje. Følg så forklaringen efter linjerne E, F og G. Det fremgår, at kvotienten er 63, og at resten er 277 [tallet i linje G].

A	2	3	9	6	5	Figur 56
B	0	5	9	6	5	[60·300 trækkes fra tallet i A]
C	0	1	7	6	5	[60·70 trækkes fra tallet i B]
D	0	1	4	0	5	[60·6 trækkes fra tallet i C]
E	0	0	5	0	5	[3·300 trækkes fra tallet i D]
F	0	0	2	9	5	[3·70 trækkes fra tallet i E]
G	0	0	2	7	7	[3·6 trækkes fra tallet i F]
H			3	7	6	
I	0	6	3			

Et helt kapitel handlede om brøker. Al-Khwarizmi beskrev her først, hvordan en enhed kan deles i 2, 3, . . . , 10 dele, samt gav de tilsvarende enhedsbrøker specielle navne. Videre angav han metoder til at regne med enhedsbrøker/stambrøker.

Eksempel 12

Vi vil multiplicere 8 + 1/2 + 1/4 + 1/5 med 3 + 1/3 + 1/9 [al-Khwarizmi brugte ikke additionstegn; parenteserne nedenfor er lige som i Eksempel 11 ovenfor mine].

8 1/2 1/4 1/5		3 1/3 1/9	[lad os kalde de to tal A og B]
40	1080	27	[40 = 2·4·5, 27 = 3·9, 1080 = 40·27]
358	33294	93	[A = 358/40, B = 93/27, 33294 = 358·93]
	30		[33294 divideret med 1080 giver kvo-
	894		tient 30 og rest 894] Figur 57

Så svaret er 30 894/1080.

Vi ville have gjort det noget enklere, fx skrevet om til 179/20 · 31/9 og have fundet svaret 5549/180 samt omskrevet dette til 30 149/180. ∎

I en følgende sektion beskrev al-Khwarizmi, hvordan man regnede med brøker og blandede tal i almindelighed. Fra 1100-tallet blev aritmetikbogen som sagt kendt i latinsk oversættelse i Europa.

51 Al-Khwarizmis *al-jabr*

Al-Khwarizmis algebrabog har titlen *Al-kitab al-mukhtasar fi hisab al-jabr wal-muqabala*. Specielt ordet *al-jabr* er interessant, fordi dette ord er blevet til vort *algebra*. Ordet *al-jabr* kan føres tilbage til et assyrisk ord *gabr* som betyder *lighed*; på arabisk stod det også for *genopretning* eller *fuldstændiggørelse*, og synes at referere til overføring af subtraktionsled fra den ene side af en ligning til den anden [hvor det jo så adderes]. Ordet *wal-muqabala* betød *reduktion* eller *afbalancering*, og synes at referere til bortforkortning [såvel additiv som multiplikativ] af ens led på begge sider af en ligning, specielt bortforkortning af koefficienten til x^2 i en andengradsligning [al-Khwarizmi skrev ikke x^2; men behandlingen af andengradsligninger var det centrale emne i bogen]. Alt i alt betyder bogens titel noget i retning af *Lærebog om beregning ved genopretning og reduktion*.

Bog 1 Elementer fra tallenes og algebraens historie G ARABERNE

Efter den traditionelle lovprisning af Allah skrev al-Khwarizmi i forordet følgende [citeret fra side 93 i [1]]:

> Da jeg overvejede, hvad folk i almindelighed behøver, når de regner, fandt jeg, at det altid er et tal. Jeg bemærkede også, at ethvert tal er sammensat af enheder, og at ethvert tal kan opdeles i enheder. Endvidere fandt jeg, at hvert tal mellem en og ti overgår det foregående med en enhed; derefter fordobles eller tredobles ti nøjagtigt som enhederne før blev det. Således opstår tyve, tredive, osv. indtil hundrede; så fordobles og tredobles på samme måde som med enhederne og tierne, op til tusind; så kan man gentage tusind på denne måde op til et hvilket som helst indviklet tal; og så fremdeles til det tælleliges yderste grænse.

> Jeg bemærkede, at der er tre slags tal, der kræves, når man beregner ved fuldstændiggørelse og sammenligning, nemlig rødder, kvadrater og simple tal, der ikke har med hverken rod eller kvadrat at gøre. En rod er en størrelse som ganges med sig selv, bestående af enheder, og det være sig hvad der er herover af tal og hvad der er herunder af brøkdele. Et kvadrat er hele rodens størrelse ganget med sig selv. Et simpelt tal er et tal, som kan udtrykkes uden henvisning til rod eller kvadrat. Et tal, der hører til en af disse tre klasser, kan være lig med et tal fra en anden klasse, man kan fx sige "kvadrater lig med rødder" eller "kvadrater lig med tal" eller "rødder lig med tal".

> Følgende er et eksempel på tilfældet "kvadrater lig med rødder": "Et kvadrat er lig med fem rødder af det samme"; roden af kvadratet er fem, og kvadratet er femogtyve, som er lig med fem gange dets rod. (A)

> Du siger "en tredjedel af kvadratet er lig med fire rødder"; så er hele kvadratet lig med tolv rødder; det er et hundrede og fireogfyrre; og dets rod er tolv. (B)

> Eller du siger "fem kvadrater er lig med ti rødder"; så er et kvadrat lig med to rødder; roden af kvadratet er to og dens kvadrat er fire. (C)

...

Ordene *rod* og *kvadrat* virker forvirrende i starten; men efterhånden finder man ud af, at der ikke er tale om eksempelvis kvadratrod: en *rod* er en rod i [dvs. en løsning til] en ligning, altså hvad vi som oftest betegner med x, og et kvadrat svarer så til x^2. (A) ville vi altså notere som $x^2 = 5x$, (B) som $1/3 \cdot x^2 = 4x$, og (C) som $5x^2 = 10x$. Her er nogle gloser, som [i hver vandret linje] betyder nogenlunde det samme; bemærk, at alle sprogene skelner mellem en *rod* [en løsning til en ligning] og en *ting* [hvormed her menes en ubekendt]:

Bog 1 Elementer fra tallenes og algebraens historie G ARABERNE

Hinduistisk	Arabisk	Latin	Dansk	"Matematik-sprog"	
rupa	dirham	denarius	dinar	tal	
mula	jahdr	radix	rod	x	
yavat-tavat	shay'	res, causa	ting	x	
dhanam	mal	census	kapital	x^2	Figur 58

Endvidere gjorde al-Khwarizmi i forordet opmærksom på, at han ville skrive en populær redegørelse for algebraen uden beviser a la Euklid. Han filosoferede da heller ikke over, hvad tal er for noget; og til forskel fra Euklid [og Diophant, hvis eksistens han næppe har kendt – Diophant blev først oversat til arabisk i slutningen af 900-tallet] veg han eksempelvis ikke tilbage for at godtage irrationale løsninger til sine ligninger. Han gav dog ingen eksempler, hvor koefficienterne er irrationale.

Men som vi skal se, var han alligevel meget omhyggelig med sine forklaringer – der er bestemt ikke kun tale om recepter!

52 Andengradsligninger hos al-Khwarizmi

Da tal for ham altid var positive, måtte han dele andengradsligninger op i fem typer, hvoraf vi i (A), (B) og (C) ovenfor så på den første type: "Kvadrater lig med rødder". De andre var "Kvadrater lig med tal", "Kvadrater og rødder lig med tal", "Kvadrater og tal lig med rødder" samt "Kvadrater lig med rødder og tal" [derimod havde "Kvadrater og rødder og tal lig med nul" naturligvis ingen mening for ham]. Endvidere medtog han som en sjette type "Rødder lig med tal" [hvad der svarer til en førstegradsligning]. Lad os slutte af med et eksempel, hvor han løser en andengradsligning af typen "Kvadrater og tal lig med rødder".

Eksempel 13

Opgaven går ud på at løse følgende andengradsligning:

Et kvadrat og enogtyve dirhem er lig med ti rødder af det samme kvadrat.

Man kan undre sig over, at al-Khwarizmi i sin algebrabog overalt skrev tal i ord og ikke med indiske cifre. I vor notation lyder ligningen:

$$x^2 + 21 = 10x. \qquad (22)$$

Indledningsvis gav al-Khwarizmi en omhyggelig recept [her citeret fra [1], side 95]:

> Det vil sige, hvad må et kvadrat beløbe sig til, som, når enogtyve dirhem lægges til det, bliver lig med hvad der svarer til ti rødder af dette kvadrat? Løsning: Halvér antallet af rødder; halvdelen er fem. Gang dette med sig selv; produktet er femogtyve. Træk fra dette de enogtyve som er forbundet med kvadratet; resten er fire. Uddrag roden; den er to. Træk dette fra halvdelen af rødderne, som er fem; resten er tre. Dette er roden af det kvadrat som blev krævet, og kvadratet er ni. Eller man kan lægge roden til halvdelen af rødderne; summen er syv; dette er roden af det kvadrat som blev søgt og kvadratet selv er niogfyrre.
>
> Når man træffer på et eksempel som henviser til dette tilfælde, skal man forsøge at løse det ved addition, og hvis det ikke går, så går det helt sikkert med subtraktion. For i dette tilfælde kan man anvende både addition og subtraktion, hvilket man ikke kan i noget andet af de tre tilfælde i hvilke antallet af rødder må halveres. Og man skal vide, at når man i et spørgsmål der hører ind under dette tilfælde har halveret antallet af rødder og ganget halvdelen med sig selv og fået et produkt, der er mindre end antallet af dirhem forbundet med kvadratet, så er eksemplet umuligt; men hvis produktet er lig med antallet af dirhem i sig selv, så er roden af kvadratet lig med halvdelen af rødderne alene, uden hverken addition eller subtraktion.
>
> I hvert tilfælde, hvor man har to kvadrater eller mere eller mindre, skal man reducere dem til ét helt kvadrat, sådan som jeg forklarede under det første tilfælde.

Nedenfor følger al-Khwarizmis begrundelse for, at det forholder sig på den netop omtalte måde [citeret fra [1], side 96].

> Vi repræsenterer kvadratet med et kvadrat AD, hvis sidelængde vi ikke kender. Hertil føjer vi et parallelogram, hvis bredde HN er lig med én af siderne i kvadratet AD. Dette parallelogram er HB. Længden af de to figurer tilsammen er lig med linjestykket HC. Vi ved at dets længde er ti i tal; for hvert kvadrat har lige store sider og vinkler og en af dets sider ganget med en enhed er kvadratets rod, eller ganget med to er det to gange roden af samme. Da det anføres, at et kvadrat og enogtyve i tal er lig med ti rødder, kan vi derfor slutte at længden af linjestykket HC er lig med ti i tal, eftersom linjestykket CD repræsenterer kvadratets rod. Vi deler nu linjestykket CH i to lige store dele ved punktet G. Linjestykket GC er så lig med HG. Det er også klart at linjestykket GT er lig med linjestykket CD. Nu tilføjer vi til linjestykket GT og i samme retning et stykke lig med forskellen mellem GC og GT for at fuldstændiggøre kvadratet. Så bliver linjestykket TK lig med KM, og vi har et nyt kvadrat med lige store sider og vinkler, nemlig kvadratet MT. Vi ved, at

linjen KT er fem; dette er følgelig længden også af de andre sider. Kvadratet selv er femogtyve, idet dette er det produkt der fremkommer ved multiplikation af det halve antal rødder med sig selv, for fem gange fem er femogtyve. Vi har indset at firkanten HB repræsenterer de enogtyve i tal som blev lagt til kvadratet. Vi har så afskåret et stykke af firkanten HB ved linjestykket KT (som er en af siderne i kvadratet MT), så at kun delen TA er tilbage. Nu tager vi fra linjestykket KM stykket KL som er lig med GK. Det viser sig så, at linjestykket TG er lig med ML. Endvidere er linjestykket KL, som er afskåret fra KM, lig med KG. Følgelig er firkanten MR lig med TA. Det er således indlysende, at firkanten HT, udvidet med firkanten MR, er lig med HB, som repræsenterer de enogtyve. Hele kvadratet MT blev fundet at være lig med femogtyve. Hvis vi nu fra dette kvadrat MT trækker firkanterne HT og MR, som tilsammen er lig med enogtyve, bliver der tilbage et lille kvadrat KR, som repræsenterer forskellen mellem femogtyve og enogtyve. Dette er fire; og roden, repræsenteret ved linjestykket RG, som er lig med GA, er to. Hvis man trækker dette tal to fra linjestykket CG, som er halvdelen af rødderne, så er resten linjestykket AC, det vil sige tre, som er roden af det oprindelige kvadrat. Men hvis man tilføjer tallet to til linjestykket CG, som er halvdelen af antallet af rødder, så er summen syv, der repræsenteres af linjestykket CR, som er rod for et større kvadrat. Når man tilføjer enogtyve til dette kvadrat vil summen ligeledes blive lig med ti rødder af dette kvadrat. Her er figuren:

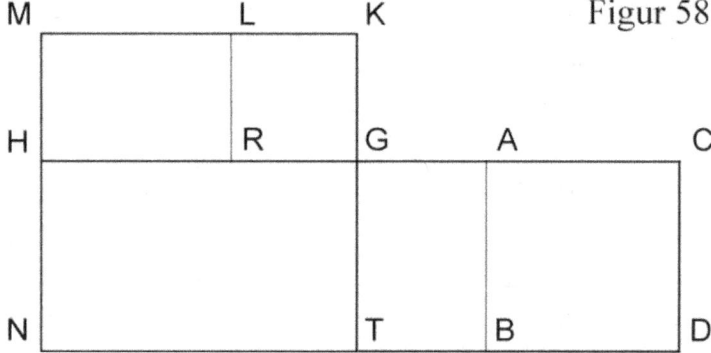

Figur 58

Hvis nogen stiller dig et spørgsmål som følgende: "Jeg har delt ti i to dele, og når man gangede en af disse med den anden blev resultatet enogtyve", så ved du at den ene af de to dele er tingen og den anden er ti minus tingen. Gang derfor tingen med ti minus tingen; så får du ti ting minus et kvadrat, hvad der er lig med enogtyve. Adskil kvadratet fra de ti ting og læg det til de enogtyve. Så har du ti ting som er lig med enogtyve dirhem og et kvadrat. Fjern halvdelen af rødderne og gang de resterende fem med sig selv; det er femogtyve. Træk herfra de enogtyve som er forbundet med kvadratet; resten er fire. Uddrag roden; den er to. Træk dette fra halvdelen af rødderne, nemlig fem; der bliver tre tilbage, som er en af de to dele. Eller, hvis du synes, kan du lægge roden af de fire til halvdelen af rødderne; summen er syv, som ligeledes er en af delene. Dette er et af de problemer, som kan løses ved addition og subtraktion.

53 Sammenligning med græsk matematik

Ved en overfladisk betragtning ser man måske ikke den store forskel fra Euklid, fordi al-Khwarizmi jo også benyttede geometriske begrundelser. Men hans tilgang var algebraisk; han illustrerede blot tallene ved linjestykker – og et produkt af to tal ved et rektangel, hvilket sidste Euklid aldrig kunne finde på! Som tidligere nævnt beskæftigede Euklid sig slet ikke med ligninger af den type, som vi har mødt i babylonisk matematik og nu igen hos al-Khwarizmi. Derimod tilhørte Diophant i flere henseender den algebraiske orientalske tradition. Heller ikke han havde skrupler ved at addere to tal som eksempelvis stod for henholdsvis areal og længde.

Som vi har set, benyttede al-Khwarizmi geometriske begrundelser for sine løsningsmetoder. Hvorfor mon han gjorde det, når det faktisk var algebra (ligningsløsning), han beskæftigede sig med? Forklaringen er den enkle, at han ikke havde andre muligheder, når han ville give begrundelser! Der stod ingen blot nogenlunde brugbar algebraisk notation til rådighed [ikke engang symboler for de algebraiske operationer addition, subtraktion, osv. havde man fundet på at benytte] – og det samme gjaldt et brugbart algebraisk fundament at drage slutninger på; det havde man kun for geometriens vedkommende.

54 Al-Khwarizmis arabiske arvtagere

Det hjalp derfor i første omgang ikke ret meget, at al-Karkhi, som levede i Bagdad omkring år 1100 og havde studeret oversættelser af Diophant, på en måde aritmetiserede algebraen og gjorde den ligeværdig med geometrien. For egentlig filosoferede al-Karkhi ikke over, hvordan man kunne udvide talområdet, så det kom til at omfatte de inkommensurable størrelser. I stedet kan han siges at have indledt den udvikling, hvor man "forudsatte det gjort uden at sige noget om hvordan" – sådan gjorde man faktisk efterfølgende helt frem til anden halvdel af 1800-tallet [jf. Afsnit 70 samt Bog 3, Afsnit 2 og Kapitel F]! Det skete ved, at han simpelthen opererede med inkommensurable størrelser på samme måde som med almindelige (rationale) tal, til trods for at han altså faktisk hverken vidste, hvad han talte om, eller om det var tilladeligt. Sagt lidt mere konkret: Han begyndte at tale om eksempelvis $\sqrt{2}$ som et tal, nemlig som det tal, hvis kvadrat er 2 – helt uden at bekymre sig om eksistensspørgsmål – og at regne med den slags objekter, som om de var ganske almindelige tal.

Næsten jævnaldrende med al-Karkhi var digteren, filosoffen og matematikeren Omar Khayyam (ca.1045-ca.1130). Khayyam interesserede sig for sagen ud fra logiske synspunkter og skelnede mellem på den ene side *absolutte* og *sande tal*, hvortil han kun regnede de naturlige tal, og på den anden side *ideelle tal*, som rummede såvel rationale som irrationale tal. Hvis a og b var størrelser i Euklids forstand, så opfattede han a/b som et ideelt tal, uafhængigt af om a og b var kommensurable eller ej. Faktisk nærmede han sig derved et operationelt talbegreb, hvor tallenes individuelle karakter trådte i baggrunden til fordel for regneregler – netop det, som skulle til for at give algebraen et fundament [herom mere i Kapitel H og især i Bog 2 og Bog 3].

Bog 1 Elementer fra tallenes og algebraens historie G ARABERNE

Opgaver til 1G ARABERNE

I Opgaverne 1G6-1G15 betragter vi de fem typer af andengradsligninger, som al-Khwarizmi måtte skelne imellem, og som geometrisk kræver ret så forskellig behandling. De to første typer [Opgaverne 1G6 og 1G7] er ganske enkle, og den tredje type [Opgaverne 1G8-1G10] er ikke meget vanskeligere. Derimod kræver det god fantasi at løse de to sidste typer geometrisk [herunder den type, vi så al-Khwarizmis behandling af i Afsnit 52, Eksempel 13; jf. Opgaverne 1G11-1G15].

Opgave 1G1
Multiplicer 364 med 26 ved anvendelse af gittermetoden [jf. Afsnit 28 og/eller Eksempel 10 i Afsnit 50].

Opgave 1G2
Multiplicer 784 med 367 ved anvendelse af gittermetoden.

Opgave 1G3
Divider 56932 med 673 med rest på en måde, som al-Khwarizmi kan tænkes at ville have anvendt [jf. Eksempel 11 i Afsnit 50].

Opgave 1G4
Multiplicer $6 + 1/3 + 1/7$ med $7 + 1/2 + 1/5$, som al-Khwarizmi kan tænkes at ville have gjort det [jf. Eksempel 12 i Afsnit 50].

Opgave 1G5
Multiplicer $6 + 1/6 + 1/9$ med $7 + 1/2 + 1/4 + 1/8$, som al-Khwarizmi kan tænkes at ville have gjort det [jf. Eksempel 12 i Afsnit 50].

Opgave 1G6
Her betragter vi en andengradsligning af type "Kvadrat lig med rødder", nemlig andengradsligningen, som med moderne symbolik noteres

$$x^2 = 5x,$$

og som al-Khwarizmi ville have formuleret på følgende måde:

> Et kvadrat er lig med fem rødder af samme kvadrat.

Bestem den positive løsning til denne andengradsligning ved overvejelser a la de følgende i forbindelse med en figur: Arealet af et kvadrat med kantlængde x skal være lig med arealet af et rektangel med kantlængder 5 og x; dvs. x må være ....

Bog 1 Elementer fra tallenes og algebraens historie   G ARABERNE

Opgave 1G7

Her betragter vi en andengradsligning af type "Kvadrat lig med tal", nemlig andengradsligningen, som med moderne symbolik noteres

$$x^2 = 16,$$

og som al-Khwarizmi ville have formuleret på følgende måde:

> Et kvadrat er lig med seksten dirhem.

Bestem den positive løsning til denne andengradsligning ved overvejelser a la de følgende i forbindelse med en figur: Arealet af et kvadrat med kantlængde x skal være lig med 16; dvs. x må være ….

Opgave 1G8

Her betragter vi en andengradsligning af type "Kvadrat og rødder er lig med tal", nemlig andengradsligningen, som med moderne symbolik noteres

$$x^2 + 8x = 20,$$

og som al-Khwarizmi ville have formuleret på følgende måde:

> Et kvadrat og otte rødder af samme kvadrat er lig med tyve dirhem.

Bestem den positive løsning til denne andengradsligning ved geometrisk argumentation i forbindelse med Figur 1 nedenfor.

x^2 er repræsenteret ved arealet af et kvadrat på Figur 1; 8x er repræsenteret ved summen af de to kongruente grå rektangler med kantlængder 4 og x. Den derved fremkomne polygon har altså ifølge den givne ligning areal 20. Og ved tilføjelse af et kvadrat med areal 16 ["nederst til højre"] kan polygonen kompletteres til et "stort" kvadrat med kantlængde $x + 4$ og areal 36 [= 20 + 16].

Kontroller, at tallet −2 også er løsning til andengradsligningen.

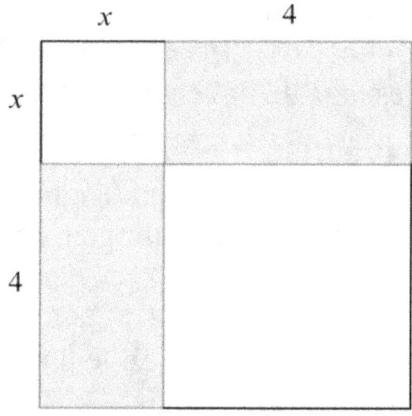

Figur 1

Bog 1 Elementer fra tallenes og algebraens historie G ARABERNE

Opgave 1G9

For den i Opgave 1G8 beskrevne type andengradsligning benyttede al-Khwarizmi også en anden geometrisk fremgangsmåde. Lad os se på den i forbindelse med andengradsligningen

$$x^2 + 10x = 39,$$

som al-Khwarizmi ville have formuleret sådan:

> Et kvadrat og ti rødder af samme kvadrat er lig med niogtredive dirhem.

Bestem den positive løsning til denne andengradsligning ved geometrisk argumentation i forbindelse med Figur 2 nedenfor.

I Figur 2 er x^2 repræsenteret ved arealet af kvadratet "i midten"; $10x$ er repræsenteret ved summen af de fire kongruente grå rektangler med kantlængder x og 2½. Den derved fremkomne polygon har ifølge den givne ligning areal 39, og kan ved tilføjelse af fire "små" kvadrater med kantlængde 2½ [en i hvert "hjørne"] kompletteres til et "stort" kvadrat med kantlængde $x + 5$.

Kontroller at tallet -10 også er løsning til andengradsligningen.

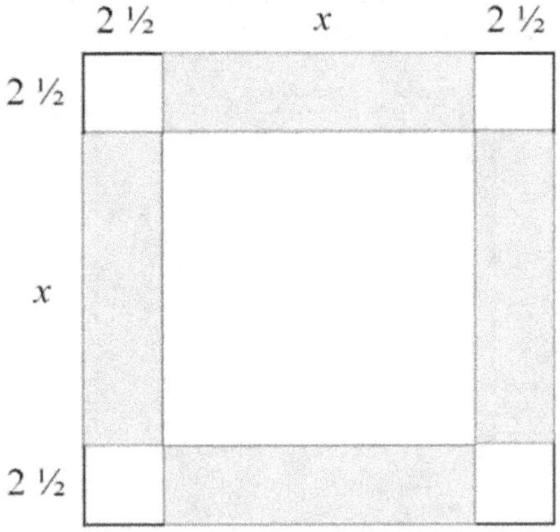

Figur 2

Opgave 1G10

Al-Khwarizmi ville have formuleret andengradsligningen

$$3x^2 + 12x - 63 = 0$$

nogenlunde sådan:

> Tre kvadrater og tolv rødder af samme kvadrat er lig med treogtres dirhem.

Reducer ved forkortning med 3, og angiv den fremkomne ligning både med vor symbolik og på al-Khwarizmis facon.

Bestem dernæst den positive løsning til andengradsligningen ved overvejelser i forbindelse med en figur.

Kan du finde et negativt tal, som er løsning til andengradsligningen?

Bog 1 Elementer fra tallenes og algebraens historie G ARABERNE

Opgave 1G11

Figur 58 i Afsnit 52 illustrerer – og teksten før denne figur helt fra "Vi repræsenterer ..." til og med "... som er roden i det oprindelige kvadrat" [slutter 4 linjer over figuren] begrunder – at (22) i Afsnit 52 har roden 3 [den søgte rod, illustreret ved linjestykket AC, er mindre end 5]. Idéen i al-Khwarizmis begrundelse går ud på at erstatte rektanglet HABN [al-Khwarizmi omtaler dette som "parallelogrammet HB"] (som har areal 21) med polygonen MLRGTN(M), som udgør hele kvadratet MKTN (som har areal 25) på nær det "lille" kvadrat LKGR (som altså har areal 4 og dermed kantlængde 2).

De sidste 4 linjer over Figur 58 er en "alt for luftig" begrundelse for, at også 7 er rod i (22). Benyt nedenstående Figurer 3 og 4 til ved geometrisk argumentation at bestemme den rod x, som er større end 5.

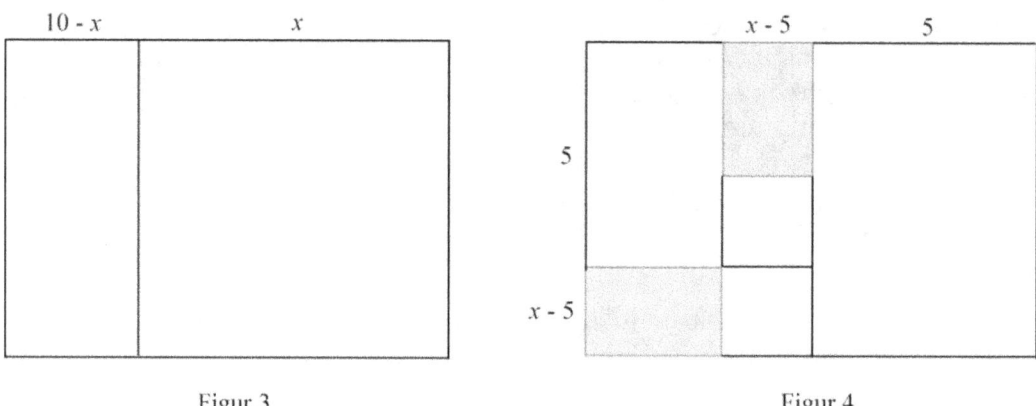

Figur 3   Figur 4

Opgave 1G12

Noter andengradsligningen:

   Et kvadrat og syv dirhem er lig med otte rødder af samme kvadrat

med vor symbolik. Bestem dernæst ved geometrisk argumentation begge rødder i ligningen.

Opgave 1G13

Hvordan ville al-Khwarizmi have formuleret andengradsligningen

$$2x^2 - 20x + 32 = 0?$$

Reducer andengradsligningen ved forkortning med 2, og bestem dernæst begge dens rødder ved geometrisk argumentation.

Bog 1 Elementer fra tallenes og algebraens historie   G ARABERNE

Opgave 1G14

Hvordan ville al-Khwarizmi have formuleret andengradsligningen

$$2x^2 - 8x - 10 = 0 ?$$

Bestem den positive løsning til denne andengradsligning ved geometrisk argumentation i forbindelse med Figurerne 5 og 6 nedenfor. [Vink: Begrund, at en vis polygon på Figur 6 er et kvadrat med areal 9; hvad er kantlængden i dette kvadrat?]

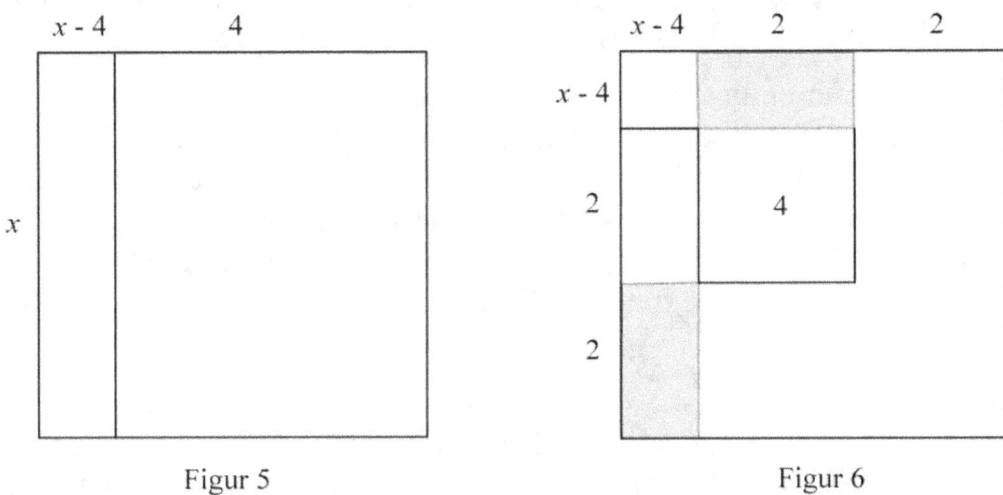

Figur 5   Figur 6

Kan du finde en negativ løsning til denne andengradsligning?

Opgave 1G15

Noter andengradsligningen:

   Et kvadrat er lig med seks rødder af samme kvadrat og 16 dirhem

med vor symbolik. Bestem den positive løsning til denne andengradsligning ved geometrisk argumentation. Kan du finde en negativ løsning til ligningen?

H EUROPÆERNE

55 Frem til år 1000

Vor del af verden var længe meget tilbagestående kulturelt set, kun grækerne udgjorde en undtagelse. Og nok stod den hellenistiske kultur som et ideal for romerne; men disse magthavere var – med Hartvig Frisch' ord – "nøgterne og derfor næsten blottet for kunstens fantasi"; og "den eneste gren af åndslivet, som bevarede en vis friskhed, var veltalenheden".

"Middelalderen" er en betegnelse, der først dukkede op i den tidlige Renæssance. Dens begyndelse sættes sædvanligvis til år 476 e.Kr., hvor den sidste vestromerske kejser blev afsat. Men kulturhistorisk kunne den måske bedre sættes til år 529 e.Kr., hvor den østromerske kejser Justinian lukkede Platons Akademi i Athen [som nåede at eksistere i over 900 år], og hvor Benedikt fra Nursia, som stiftede Benediktinerordenen, grundlagde det første kloster, Monte Cassino.

Kun meget lidt af den græske videnskabelige litteratur var blevet oversat til latin, for lærde romere kunne læse græsk. Men efterhånden blev dette ikke længere almindeligt. Det er meget sigende, at den græske matematik blev formidlet af kirkefaderen (og nyplatonikeren) Augustin (354-430), som i matematikken så et middel til at skærpe sindet, så det bedre blev i stand til at forstå *Bibelen*. Endvidere oversatte Boethius (ca.480-524 – hvor han, "den sidste romer", henrettedes) Aristoteles' værker om bl.a. logik; af den grund regnes han ofte regnes for at være den første skolastikker.

Det blev således kirken, især klostrene, der kom til at føre den græske dannelsesarv videre, og det skete naturligvis først og fremmest med religiøse hensigter. Arven blev opdelt i *quadrivium*, hvor emnerne var aritmetik, harmonik [læren om talforhold], geometri og astronomi [sfærik], og *trivium*, hvor emnerne var grammatik, retorik og logik [dialektik]. Disse syv såkaldte *frie kunster* var i Den Ældre Middelalder [dvs. frem til omkring år 1000] vigtige undervisningsemner i kloster- og katedralskoler. De kaldtes *frie*, fordi de betragtedes som åndens kunster; i modsætning dertil stod håndens kunster: alkymi, medicin, arkitektur, agrikultur, osv., som ikke skønnedes at kunne løfte menneskesindet.

De tekster, som i Den Ældre Middelalder stod til rådighed for quadrivium, var ret få: Boethius' *De institutione arithmetica* [Om aritmetikkens principper] i 2 bind; en oversættelse af pythagoræeren Nikomakos' arbejder [1. årh. e.Kr.], som på latin kom til hedde *De institutione musica* [5 bøger om musikkens principper]; fragmenter af Euklids *Elementer* [hele værket på 13 bøger fik europæerne først kendskab til i 1100-tallet]; noget astronomi af Capella [først i 1100-tallet oversattes Ptolemaios' berømte *Almagest*, som fra da af og frem til Kopernikus' *De revolutionibus orbium coelestium* fra 1543 stod som den autoriserede tekst] samt en kommenteret udgave af Platons dialog *Timaios*.

På overgangen til Højmiddelalderen hørte europæerne for første gang om *de indiske tal* [eller *arabertallene*, som de lidt misvisende sædvanligvis kaldtes]. Fra studieophold og rejser i den arabiske del af Spanien kendte Gerbert fra Aurillac (940-1003; han var ved årtusindskiftet pave under navnet Sylvester II) det nye talsystem og introducerede det begejstret ved katedralskolen i Reims, hvor han bl.a. underviste i matematik. I den sammenhæng indførte han en modificeret form af det gamle romerske regnebræt; det så ud som vist nedenfor. Markørerne var hans egen opfindelse, formodentlig inspirerede af de vestarabiske sandtal; hidtil havde man benyttet småsten, som hver talte for én ener, én tier, én hundreder, osv., afhængigt af i hvilken søjle, den placeredes [undertiden delte man hver søjle op i to dele, så en sten placeret i den ene del talte for fem enere, fem tiere, fem hundreder, osv.].

Ved hjælp af ni typer markører kunne Gerbert angive ethvert tal, her tallet 647034.

Figur 60

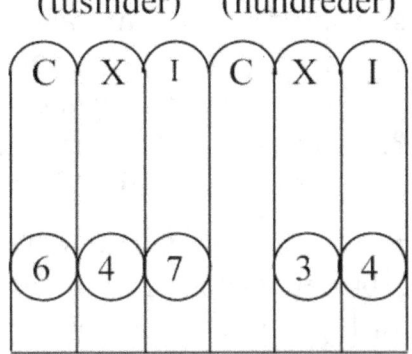

Buerne foroven blev kaldt "Pythagoras-buer", fordi man helt fejlagtigt troede, at Pythagoras var regnebrættets opfinder.

Imidlertid var det langt mere krævende at regne med disse markører end med småsten. Lad os tænke os, at vi skal addere 38 og 26 ved hjælp af småsten på et regnebræt. Vi lægger da først otte og tre småsten i henholdsvis søjlen længst til højre og den næste, og derefter henholdsvis seks og to småsten nedenunder de allerede lagte. Additionen udføres så simpelthen ved –ja, faktisk er den jo allerede sket – at man fjerner ti af de fjorten småsten i højre søjle og placerer én småsten i den næste søjle. Resultatet kan derefter aflæses som 64. Med Gerberts ni slags markører skulle man for det første lære værdierne for disse at kende. For at udføre additionen af 38 og 26 placerede man markører for 8 og 3 i henholdsvis søjlen til højre og den næste, og derefter markører for 6 og 2 nedenunder. Men for at "komme videre" var man nu nødt til at vide, at 8 + 6 er 14 [hvorefter man kunne ændre markører svarende til dette] – med andre ord var man nødt til at kende den lille tabel for addition, og tilsvarende for multiplikation.

Der er således overhovedet ikke – i modsætning til ved benyttelse af småsten – opnået nogen regnemæssig lettelse ved at lægge tallene ud på regnebrættet med Gerberts markører. Brugen af de indiske tal stiller visse krav til regnefærdighed – og de er ikke hensigtsmæssige i forbindelse med et regnebræt. De bør erstatte dette, når en vis regnefærdighed er nået. Det kan derfor ikke undre, at Gerberts forsøg på at indføre de indiske tal i forbindelse med sit regnebræt slog fejl.

56 Abakister og algorister

I 1000-tallet og de følgende århundreder begyndte universiteter at skyde op i Frankrig og Italien, snart efter i England, og i 1400-tallet i Tyskland, Danmark og Böhmen. Desværre skete der gennem lang tid kun lidt på matematikkens område i universitetskredse; trivium vandt nemlig frem på bekostning af quadrivium, og matematik trådte i baggrunden til fordel for filosofi og logik. Kulminationen på denne udvikling indtraf med ærkebiskob Anselm fra Canterbury (1033-1109) og Thomas fra Aquino (1225-1274), som forenede kristendommen og Aristoteles' logik i form af *skolastikken*.

Vigtigere end universiteterne for matematikkens udvikling i Middelalderen var det derfor, at der i 1100-tallet blev foretaget en række oversættelser af arabiske skrifter, som naturligvis især var kommet fra Bagdad til Spanien. I tiden op mod tyrkernes erobring af Konstantinopel i 1453 endte en del skrifter herfra i især Italien; disse skrifter var græske og havde således ikke taget omvejen via arabisk (eller syrisk). Det kan ikke undre, at der især ved oversættelser af oversættelser skete en hel del misforståelser.

Bl.a. blev som allerede tidligere omtalt al-Khwarizmis aritmetikbog *Bogen om addition og subtraktion ved indiske beregningsmetoder* oversat og bearbejdet til latin. De indiske tal blev hermed præsenteret for europæerne for anden gang – men stadig uden succes.

Så på trods af alle 1100-tallets oversættelser og bearbejdelser tilkommer hovedæren for at have formidlet de indiske tal – og i øvrigt det meste af den orientalske matematik – til europæerne først og fremmest Leonardo fra Pisa (ca.1175-ca.1250). Han, der er bedre kendt under sit kælenavn *Fibonacci* [dvs. søn af Bonacci], regnes for at være Europas bedste matematiker i Middelalderen. På rejser til Nordafrika, Ægypten, Syrien og Konstantinopel havde Fibonacci stiftet bekendtskab med Diophants *Arithmetica*, lige som han naturligvis havde studeret de indiske tal. Det stod hurtigt klart for ham, at det nye talnotationssystem og de tilhørende regnemetoder var det gængse med romertal og regning på regnebræt langt overlegen. I 1202 udkom hans hovedværk *Liber abaci* [Bog om regning], som vi vender tilbage til i Afsnit 57. Med den introduceredes de indiske tal og de tilhørende algoritmer for tredje gang i Europa. Den egentlig årsag til, at det lykkedes denne gang, var imidlertid nok, at grobunden efterhånden var blevet lagt med handelens opblomstring i Højmiddelalderen [den begyndende kapitalisme] – tiden var moden til at påskønne de indiske tals mange og store fordele.

Det nye system – hvis talsmænd kaldtes *algoristerne* – sejrede dog først over det gamle system – hvis forfægtere kaldtes *abakisterne* – efter en sej kamp, som varede helt til omkring år 1500. Ordet *abakus* går tilbage til græsk *abax*, som står for det bræt, man i Antikken udførte aritmetiske beregninger på; og det græske ord går tilbage til hebraisk *abhag*, som betyder *støv*, hvilket refererer til de tidligere omtalte mellemøstlige "sand-viske udregnerammer". Den i Europa benyttede abakus havde derimod markører, eksempelvis småsten, som placeredes i søjler. Romerne kaldte disse markører *calculi* [af latinsk *calx*, dvs. lille sten]. Sådanne abakusser anvendtes i Europa frem til 1600-tallet. Endnu en variant bestod af en træskive, i hvilken man skar render, langs hvilke kugler eller skiver kunne lægges ud; hvert skår repræsenterede en ny tierpotens.

Der var flere grunde til, at kampen rasede så længe. For det første havde abakisterne en lang tradition i Europa; og man må huske på, at man aldrig udførte regninger med græske eller romerske taltegn – man regnede på regnebræt og noterede kun resultaterne ned med sådanne taltegn. Beregninger med de indiske tal foregik derimod bedst på papir [og ikke på Gerberts regnebræt!]. Så udover et helt uvant notationssystem skulle man også omstille sig til at regne på en helt anderledes måde. Hertil kom, at papir ikke blev fremstillet i Europa før 1300-tallet; og da blev det fremstillet af klude og til en meget høj pris. Mange købmænd og andet godtfolk var også skeptiske på grund af den åbenbare risiko for forfalskninger. Eksempelvis forbød købmandslauget i selve den gryende kapitalismes højborg Firenze så sent som i 1299 brugen af indiske cifre! Endelig kunne handelslivet (købmænd, banker, osv.) ikke få den helt store nytte af de indiske tal, før disse også kunne anvendes hensigtsmæssigt til at notere og regne med tal mindre end 1, underforstået på anden måde end som almindelige brøker. Og godt nok viste de første europæiske spirer til decimalbrøkerne sig i 1300-tallet; men netop da var Europa hærget af landbrugskriser, nød, pest, krige og befolkningsnedgang. Først efter at have ligget underdrejet i et par hundrede år kom der på ny gang i udviklingen af den praktiske regnekunst.

57 Fibonaccis *Liber abaci*

Fibonaccis *Liber abaci* var et omfattende værk, som først og fremmest henvendte sig til det praktiske livs folk, men som alligevel ikke forfaldt til banale regnetekniske spørgsmål. Lad os tage et enkelt eksempel med henblik på at belyse det algebraiske stade.

Eksempel 14

Jeg citerer fra [1], side 135:

> To mænd – medbringende bezanter – mødtes for at købe en hest, og da de ville købe den, sagde den første til den anden: Hvis du gav mig 1/3 af dine bezanter, ville jeg have hestens pris. Den anden bad ham om 1/4 af hans bezanter og stillede ligeledes i udsigt at have hestens pris. Der spørges om hestens pris og hvers bezanter.

Vi løser først opgaven på vor måde. Lad de to handelsmænd have henholdsvis a og b bezanter, og lad hestens pris være h. Vi kan da sammenfatte de givne oplysninger i de to ligninger

$$a + \frac{1}{3}b = h = \frac{1}{4}a + b.$$

Bog 1 Elementer fra tallenes og algebraens historie   H EUROPÆERNE

Vi bemærker for det første, at vi ikke har tilstrækkeligt med oplysninger til at fastlægge de tre søgte tal; for vi har jo kun to ligninger til rådighed. Videre slutter vi, at der gælder

$$\frac{3}{4}a = \frac{2}{3}b,$$

dvs.

$$a = \frac{4}{3} \cdot \frac{2}{3} b,$$

og altså

$$9a = 8b.$$

Den mindste løsning i naturlige tal fås åbenbart for $a = 8$ og $b = 9$ [men der er naturligvis – endda uendeligt mange – andre løsninger i naturlige tal; vi behøver jo blot at vælge b som et multiplum af 9 (dvs. faktisk opfatte b som en parameter) samt bestemme a af den sidste ligning og h af den første]. Med disse værdier for a og b finder vi, at $h = 8 + 9/3 = 11$.

Fibonaccis løsning lyder som følger [på ny citeret fra [1]]. Først en recept:

> Tag efter tur 1/4 [og] 1/3, og træk 1, som er over 3, fra disse 3, der er 2 tilbage, som du ganger med 4, der vil være 8 bezanter, og så mange havde den første.
>
> Tilsvarende giver 1, som er over 4, trukket fra disse 4, 3, som du ganger med 3, da kommer 9 bezanter ud af det, og så mange havde den anden.
>
> Videre, du ganger 3 med 4, det vil være 12, fra hvilket du trækker 1, som kommer fra multiplikationen af 1, som er over 3, med 1, som er over 4, det bliver 11 bezanter til hestens pris.

Og så en begrundelse for recepten:

> Thi den første vil med 1/3 af den andens bezanter have lige så meget som den anden med 1/4 af den førstes bezanter. Hvis der fælles trækkes 1/3 af den andens bezanter fra, bliver der tilbage, [at] den første[s bezanter] er lig med to tredjedele af den andens bezanter og 1/4 af hans egne bezanter. Ligeledes, hvis der fælles trækkes 1/4 af den førstes bezanter fra, vil der blive tilbage, [at] 3/4 af den førstes bezanter [er] lige så meget som 2/3 af den andens bezanter. Hvorfor der bør findes to tal, hvoraf 3/4 af det ene er 2/3 af det andet. Du ganger derfor 4, som er under stregen i 3/4, med 2, som er over stregen i 2/3, det bliver 8. Dette er, hvad vi ovenfor gangede, 2, nemlig

1 trukket fra 3, med 4, og vi fik 8 som den første mands bezanter.

Tilsvarende, for at du kan få det andet tal, må 3, som er under stregen i 2/3, ganges med 3, som er over stregen i 3/4, det giver 9. Dette er, hvad vi opnåede ovenfor, idet vi trak 1 fra 4, og resten, nemlig 3, gangede vi med 3, og vi fik 9 som den anden mands bezanter.

Anderledes, når vi ønsker at vise bestemmelsen af hestens pris: Fordi 8 og 9 er tal, hvoraf 3/4 af det ene er 2/3 af det andet, bringes disse 8 og 9 tilbage til dele af et eller andet tal, så når disse dele er taget af tallet, har vi hvers bezanter.

$$8 \quad 9$$
$$2/3 \quad 3/4$$

De bringes faktisk tilbage til dele af 12, da 1/4 [og] 1/3 genfindes i dette, 8 er nemlig to tredjedele af 12, og 9 tre kvarte. Hvorfor den første mand har 2/3 af det givne tal, og den anden vil have 3/4 af samme tal. Lad da tallet være 12, fra hvilket vi vil få deres bezanter, hvis du har taget 3/4 [og] 2/3.

Ovenfor opnåede vi netop 2/3 af 12, da vi gangede 1 trukket fra 3, altså 2, med 4. Nu er 2 af 3 to tredjedele, hvorfor når 2 ganges med et eller andet tal, vil det tal som kommer ud af multiplikationen være 2/3 af det tal, som frembragtes af en multikation med 3 i det tal, med hvilket 2 blev ganget. Således er 2 ganget med 4, det vil sige 8, 2/3 af multiplikationen af 3 med 4, det vil sige 12. Tilsvarende opnåede vi 3/4 af 12, da vi gangede [1] trukket fra 4, det vil sige 3, med 3.

Videre, siden den første har 2/3 af et eller andet tal, af hvilket den anden har 3/4 og den første beder den anden om 1/3 af hans bezanter for at købe hesten, beder han om 1/3 af 3/4 af det tal, af hvilken den anden har 3/4. Men 1/3 af 3/4 af dette tal er 1/4 af dette tal, følgelig beder den første den anden om 1/4 af dette tal, som han selv har 2/3 af. Med den betingelse vil den første få 1/4 [og] 2/3 af det tal, af hvilket han selv har 2/3. Nu er 1/4 [og] 2/3 af dette tal 11/12 af dette tal. Da den første, når han har 1/4 [og] 2/3, altså 11/12 af det tal, af hvilket han selv har 2/3, også har hestens pris, vil 11/12 af dette tal være hestens pris.

Den første har 2/3 af 12, det vil sige 8, den anden har 3/4 af 12, det vil sige 9, og hestens pris er 11/12 af 12, det vil sige 11. Af hvilken grund der blev 11/12 tilbage af det, af hvilket den første har 2/3 og den anden 3/4, da vi ovenfor trak multiplikationen af 1 med 1 fra multiplikationen af 3 med 4.

Vi hæfter os især ved, at algebraen også hos Fibonacci var rent retorisk. Der var ingen opstilling af ligninger for de ubekendte og regninger ud fra disse [som ved vor løsning]. Algebraen var hos 1200-tallets fremmeste matematiker i

Europa endnu langt fra at være et effektivt redskab; ja, faktisk skal der god vilje til overhovedet at tale om algebra – i hvert fald sådan, som vi opfatter algebra. Og sådan skulle det forblive i de følgende næsten 400 år!

Ud over sådanne opgaver beskæftigede Fibonacci sig fx med brøkregning og problemer fra den kreative matematik, samlet fra indiske, kinesiske, ægyptiske og græske kilder. Ligesom disse kilder anvendte han regula falsi m.m. Og han gav – i modsætning til forlæggene – omhyggelige begrundelser for sine resultater.

Leonardo fra Pisa, bedre kendt under sit kælenavn *Fibonacci*, ca. 1175-ca.1250 voksede op i Nordafrika. Her og på ungdomsårenes mange rejser i Lilleasien og Europa lærte han tidens matematik, som domineredes af araberne.

Hjemme i Pisa skrev han i 1202 Middelalderens bedste matematikbog *Liber abaci*, hvori han især formidlede den orientalske matematik, specielt det indisk-arabiske talnotationssystem, til europæerne.

Nu om stunder er hans navn mest kendt via de såkaldte *Fibonacci-tal* (jf. Opgave 1H5 samt Del 3, Afsnit 13 med tilhørende opgaver).

58 Jordanus' *De numeris datis*

Nogenlunde samtidig med Fibonacci levede Jordanus fra Nemore, som bl.a. skrev *De numeris datis* [*Om givne tal*]. Faktisk argumenterede Jordanus uden brug af geometriske ræsonnementer; men hans notation var meget langt fra at være hensigtsmæssig – hvilket naturligvis ikke er så mærkeligt. Lige som Euklid betegnede han ubekendte tal med et bogstav eller to(!) [for ikke at forvirre vil vi nedenfor kun benytte et enkelt bogstav til at betegne en ubekendt]. Addition angav han ved sammenstillen, eksempelvis skrev han ab i stedet for som vi $a + b$; og de øvrige regneoperationer havde han (heller) ingen symboler for. Det betød, at han ikke kunne regne sig frem til udtryk i sine ubekendte. Lad os tage et af hans eksempler for at belyse denne "manglende dynamik" [hvor du får en lejlighed til at gøre dig tanker i retning af, at det helt afgørende i vor notation netop ligger i det "dynamiske", hvor de ubekendte indgår som regneobjekter]. For at få den væsentlige forskel frem, simplificerer og tillemper vi i Eksempel 15 nedenfor Jordanus fremstilling en smule; specielt vil vi skrive $a + b$ for summen af a og b. Eksemplet er det samme som det, vi betragtede i Afsnit 46 i forbindelse med Diophant [Jordanus vælger blot andre tal end Diophant].

Eksempel 15

Hvis et givet tal deles i to dele, sådan at produktet af delene kendes, så kan de to dele bestemmes.

Vi betegner de to dele af det kendte tal som a og b. Vi kender så $a + b$ og produktet af a og b, som vi kalder c. Vi kalder det firdobbelte af c for d, og kvadratet på $a + b$ for e; lad endvidere f være forskellen mellem e og d. Så er roden g af f lig med forskellen mellem a og b. Fordi g er kendt, vil både a og b kunne findes.

Udførelsen af dette gøres nemt således. Lad eksempelvis 10 være delt i to tal, og lad disses produkt være 21 [Jordanus skrev med romertal]. Det firdobbelte af dette er 84, som trukket fra kvadratet på 10, som er 100, giver 16, hvis rod vi uddrager, hvilket giver 4. Altså forskellen mellem de to tal, som trækkes fra 10, og resten, som er 6, halveres. Halvdelen er 3, og det er det mindste af de to tal, og det største er 7. ■

Vi bemærker, at Jordanus på grund af manglen på symboler for regneoperationer ved hvert skridt må indføre et nyt navn for det fremkomne tal. Og endvidere, at det kræver en helt anden åndelig kraftanstrengelse at følge med i hans fremstilling [og erkende, at den virkelig fører frem til løsningen på opgaven] end i vor [jf. Afsnit 46]. Muligvis skal du studere Bog 2 først for at kunne påskønne den kolossale hjælp, der ligger i vor symbolik.

59 Først omkring år 1500 skete der noget igen

Som sagt skete der ikke meget frem til omkring år 1500. Derefter begyndte udviklingen at gå forholdsvis hurtigt fremad. Dels var Europa ved at komme på fode igen, og dels var bogtrykkerkunsten opfundet. I 1478 udkom den første trykte matematikbog i Europa. Forfatteren er ukendt, og bogen kaldes *Treviso-aritmetikken* efter sit trykkested i en norditaliensk by. I 1494 sammenfattede italieneren Luca Pacioli (ca.1445-ca.1509) tidens aritmetik i *Summa de arithmetica*. Disse to bøger, såvel som andre fra slutningen af 1400-tallet og begyndelsen af 1500-tallet, indeholdt fagligt set intet nyt i forhold til Fibonaccis værker, og begrundelser var det småt med. Kun var der i algebraen indført nogle forkortelser, eksempelvis hos Pacioli *p* for *piu* [*plus*] og *m* for *meno* [*minus*], *co* for *cosa* [*ting*, dvs. den ubekendte], *ce* for *censo* [anden potens af den ubekendte], *cu* for *cuba* [tredje potens af den ubekendte], *cece* for *censocenso* [fjerde potens af den ubekendte] og *ae* for *aequalis* [*lighed*]. Symbolerne + og − forekommer første gang på tryk i en bog fra 1489 af tyskeren Johannes Widman, dog kun til at angive overskud og underskud; som operationstegn, altså til at angive addition og subtraktion, benyttedes de første gang i 1514 i en bog af nederlænderen van der Hoecke. Rodtegnet [der jo ligner et *r* for *radix*, dvs. *rod*] blev indført i algebrabogen *Die Coss* af tyskeren Christoff Rudolff i 1525, og "vort" lighedstegn[26] optrådte første gang i englænderen Robert Recordes *The Whetstone of Witte* [*Åndens hvæssesten*!] fra 1557.

En vigtig nyhed var det dog, at disse forfattere skrev på deres modersmål [og ikke på latin], hvorved en langt større kreds fik adgang til tidens matematiske viden. Forfatterne, som tilhørte al-Khwarizmi-traditionen, kaldtes under et for *cossisterne*[27]. Cossisternes mål var at føre læseren hurtigst muligt frem til effektive regneopstillinger og løsningsmetoder.

Fra omkring midten af 1500-tallet udkom dog også mere teoretisk anlagte bøger; eksempelvis forenklede og systematiserede århundredets bedste tyske matematiker, Michael Stifel, cossisternes metoder i *Arithmetica integra* fra 1544.

Som et kuriosum kan nævnes, at Pacioli i *Summa* hævdede, at det er lige så svært at finde en rod i den generelle tredjegradsligning, som det er at kvadrere cirklen. Dette med *cirklens kvadratur* var et af de tre berømte problemer fra den græske geometri. Det går ud på ved anvendelse af kun passer og lineal at konstruere et kvadrat med samme areal som en vilkårlig givet cirkel. De to andre problemer, *terningens fordobling* og *vinklens tredeling*, drejer sig om at konstruere henholdsvis siden [sidelængden] i en terning med dobbelt så stort rumfang som en vilkårlig givet terning, samt ved konstruk-

---

[26] Robert Recorde indførte lighedstegnet som to temmelig lange, parallelle linjestykker, og med den begrundelse, at to ting ikke kan være mere ens.

[27] Efter det italienske ord *cosa*, der betyder *ting*; på italiensk hedder regnekunst *arte della cosa*.

tion at tredele en vilkårlig givet vinkel. I løbet af 1800-tallet blev det bevist, at alle tre problemer er umulige at løse, hvormed menes, at i alle de tre klassiske konstruktionsopgaver kan den pågældende konstruktion ikke gennemføres generelt [altså eksempelvis, at ikke enhver vinkel kan tredeles udelukkende ved brug af passer og lineal] – og beviserne var alle algebraiske!

På den anden side fandt Paciolis landsmand og samtidige Scipione del Ferro (1465-1526) omkring 1510 en metode til at bestemme den positive rod i en vilkårlig tredjegradsligning af form $x^3 + bx = c$ [hvor b og c er positive tal; husk at man på den tid ikke benyttede negative tal i matematikken]. Dette emne tager vi op i Afsnit 63 og senere i Bog 2, Afsnit 84 og i Bog 3, Afsnittene 56 og 63.

60 Den svære division

Pacioli skrev i *Summa de arithmetica*, at hvis man var god til at dividere, så var alt andet let, "for alt andet findes deri". Det er da også tydeligt, at division var den af de fire elementære regningsarter, som voldte de største vanskeligheder. Før vi kaster os ud i at studere nogle i tidens løb benyttede divisionsalgoritmer, vil jeg nævne, at blandt Middelalderens multiplikations- og divisionsalgoritmer genfinder man såvel de i vore dage gængse metoder som de i Kapitlerne D og F omtalte. Lad mig endvidere ved eksemplet 37·86 illustrere en ofte anvendt metode til multiplikation af to tocifrede tal.

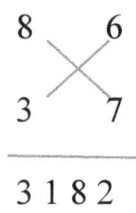

Figur 61

Fremgangsmåden er følgende: Først multipliceres 6 med 7, de 2 noteres længst til højre under stregen, mens de 4 gemmes i hukommelsen. Dernæst ganges overkors: 8·7 plus 3·6; til resultatet 74 adderes de 4 [fra hukommelsen]. Af den resulterende sum 78 noteres de 8 til venstre for det allerede noterede 2-tal, mens 7 gemmes i hukommelsen. Endelig udregnes 8·3; til resultatet 24 adderes de 7 [fra hukommelsen]. Den resulterende sum 31 noteres til venstre for det allerede noterede 8-tal.

Lad os indlede vor omtale af divisionsalgoritmerne med den såkaldte *Gerberts metode* [som var kendt før år 1000].

Eksempel 16

Gerberts opstilling [på regnebræt] for division af 3026 med 83 så sådan ud [idet jeg undlader at tegne ringe om cifrene, som Gerbert jo angav ved markører]:

Bog 1 Elementer fra tallenes og algebraens historie H EUROPÆERNE

Figur 62   (tusinder)   (hundreder)

```
  C  X  I   C  X  I
              8  3
        3     2  6
           5  1
           5  3  6
              8  5
           1  2  1
              1  7
              3  8
              3  6
```

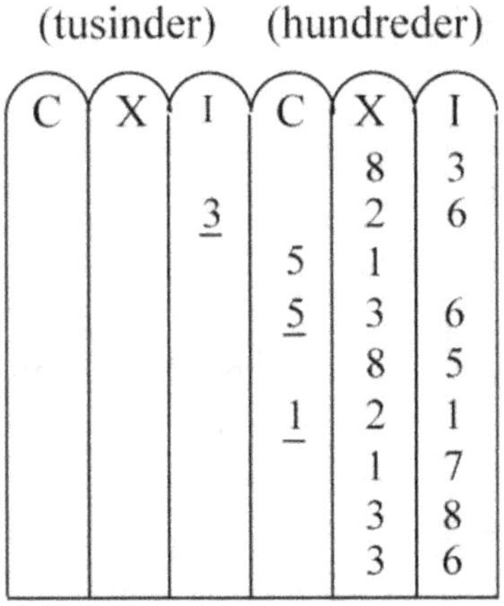

Her er en forklaring vist nødvendig: Metoden er hensigtsmæssig ved division med tal "tæt under" en tierpotens; i vort tilfælde er der fra 83 "kun" 17 op til 100. Vi finder, at [idet vi på sædvanlig vis gennemfører division ved successiv subtraktion]

$3026 - 30 \cdot 83 = 3026 - 30 \cdot 100 + 30 \cdot 17 = 26 + 510 = 536,$

$536 - 5 \cdot 83 = 536 - 5 \cdot 100 + 5 \cdot 17 = 36 + 85 = 121,$

$121 - 1 \cdot 83 = 121 - 1 \cdot 100 + 1 \cdot 17 = 21 + 17 = 38.$

Altså er $3026 = (30 + 5 + 1) \cdot 83 + 38$, dvs. kvotienten er 36 og resten 38. Du kan nu forhåbentlig "genfinde" tallene i Gerberts opstilling. ■

Når ikke divisoren var "tæt under" en potens af 10, tyede Gerbert og andre til den såkaldte *jerndivision*; navnet skyldtes, at "intet kunne være mere hårdt". I stedet for at runde op til den nærmeste potens af 10 gik man kun op til nærmeste større tal, som 10 gik op i.

Eksempel 17
Nedenfor er en opstilling svarende til divisionen af 7862 med 43, hvor man altså skal tænke på de 43 som 50 − 7.

Bog 1 Elementer fra tallenes og algebraens historie   H EUROPÆERNE

Figur 63   (tusinder)   (hundreder)

C	X	I	C	X	I
				4	3
	7	8	6	2	
		1			
	2	8	6	2	
		7			
	3	5	6	2	
		7			
		6	2		
	4	9			
	5	5	2		
		1			
		5	2		
		7			
	1	2	2		
		2			
	2	2			
	1	4			
	3	6			

[fordi $78 = \underline{1} \cdot 50 + 28$]
[$7862 - \underline{100} \cdot 50$]
[$100 \cdot 7$]
[$7862 - 100 \cdot 50 + 100 \cdot 7$]
[fordi $356 = \underline{7} \cdot 50 + 6$]
[$3562 - \underline{70} \cdot 50$]
[$70 \cdot 7$]
[$3562 - 70 \cdot 50 + 70 \cdot 7$]
[fordi $55 = \underline{1} \cdot 50 + 5$]
[$552 - \underline{10} \cdot 50$]
[$10 \cdot 7$]
[$552 - 10 \cdot 50 + 10 \cdot 7$]
[fordi $122 = \underline{2} \cdot 50 + 22$]
[$122 - \underline{2} \cdot 50$]
[$2 \cdot 7$]
[$122 - 2 \cdot 50 + 2 \cdot 7$]

dvs. $7862 = (100 + 70 + 10 + 2) \cdot 43 + 36$; kvotienten er altså 182 og resten 36. ∎

En anden hyppigt anvendt metode var den såkaldte *galejmetode*[28]. Denne metode blev formodentlig udviklet til brug på sandregnebrættet; og for ikke at løbe sur i de mange udviskninger havde man faktisk behov for cifferet 0.

Eksempel 18
Slutresultatet af division af 58294 med 367 så sådan ud:

Figur 64

7̸ 3
6̸ 8̸ 0
1̸ 2̸ 6̸

---

[28] Navnet skyldtes, at der kom en galejskibslignende figur ud af divisionen.

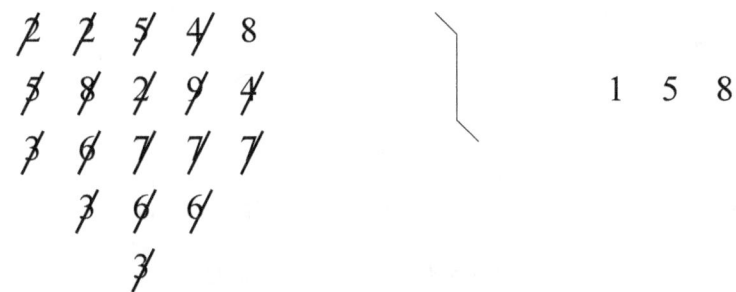

Resultatet af divisionen er, at kvotienten er 158, og at resten er 308. Figuren bygges gradvis op, idet dividenden hele tiden undervejs står at læse øverst og divisoren nederst af de ikke-udstregede talnavne; det er næsten kun til at forklare, hvad der foregår, ved hjælp af en lille tegnefilm, som vi nedenfor viser begyndelsen af:

(1) 5 8 2 9 4   [dividend]
     3 6 7   [divisor]

(2) 2
     5̸ 8 2 9 4 | 1   [5 − 1·3 = 2; 2-tallet noteres
     3̸ 6 7   over 5-tallet, der sammen
                          med 3-tallet udviskes]

(3) 2 2
     5̸ 8̸ 2 9 4 | 1   [8 − 1·6 = 2; 2-tallet noteres
     3̸ 6̸ 7   over 8-tallet, der sammen
                          med 6-tallet udviskes]

(4)   1
     2 2̸ 5
     5̸ 8̸ 2̸ 9 4 | 1   [22 − 1·7 = 15; de 15 noteres
     3̸ 6̸ 7̸   som vist, og de to 2-taller (forskudt)
                          samt 7-tallet udviskes]

(5)   1
       2 ~~2~~ 5   ⎫ [divisoren 367 noteres på
       ~~3~~ ~~6~~ ~~7~~ 9 4   ⎬ 1 ny som vist (forskudt), specielt
       ~~3~~ ~~6~~ ~~7~~ 7   ⎭   rykket en plads til højre]
           3 6

(6)   6
       ~~1~~
       ~~2~~ ~~2~~ 5   ⎫ [det bemærkes, at 6·36 > 215;
       ~~3~~ ~~6~~ ~~7~~ 9 4   ⎬ 1 5 21 = 5·3 + 6; de 6 noteres,
       ~~3~~ ~~6~~ ~~7~~ 7   ⎭   de 21 samt 3 viskes ud]
           ~~3~~ 6

I næste billede trækkes 30 [= 5·6] fra de 65, 6-tallet i divisoren viskes ud, det samme bliver 6-tallet i 65, som erstattes med et 3-tal ovenover, mens 5-tallet får lov at blive stående; osv. ■

Der blev benyttet adskillige andre divisionsalgoritmer; men vi stopper her.

61 Regula de tri og regula de duo

Pacioli m.fl. anvendte også den såkaldte *regula de tri* [*regel om tre ting*], som allerede Brahmagupta anvendte under navnet *den gyldne regel*. Faktisk er der blot tale om fjerdeproportional.

Eksempel 19

Hvis 6 1/2 skal blive til 4 2/3, hvad skal da 8 4/5 blive til?

Idet de tre givne tal ses at være henholdsvis 13/2, 14/3 og 44/5, så er meningen, at det søgte tal x er bestemt ved [hvor der (lige som i opgaveteksten) til sidst med den sædvanligt benyttede notation er angivet et såkaldt *blandet tal* (snarere burde man tale om et blandet talnavn); der er ikke tale om et produkt, men om det tal, der mere udførligt noteres som 6 + 62/195]

$$\frac{\frac{13}{2}}{\frac{14}{3}} = \frac{\frac{44}{5}}{x} \quad , \text{ og altså } \quad x = \frac{\frac{44}{5} \cdot \frac{14}{3}}{\frac{13}{2}} = \frac{44 \cdot 14 \cdot 2}{5 \cdot 3 \cdot 13} = \frac{1232}{195} = 6\frac{62}{195}.$$

Opstillingen i fx *Treviso-aritmetikken* så sådan ud:

Figur 65

```
    195   ╲  ╱  28
     13    ╳    14      44
    ───       ───      ───
     2         3        5
              15
```

Meningen var åbenbart følgende [udregningen blev ikke færdiggjort i bogen]: Først skulle 3 gange 5 udregnes, og produktet 15 blev skrevet som vist; så skulle 13 ganges med 15, og resultatet 195 noteredes over 13; dermed var nævneren beregnet. Tilsvarende blev 2 gange 14 noteret over 14, og resultatet 28 skulle dernæst ganges med 44 [hvilket ikke er sket i opstillingen]; dermed var tælleren beregnet. ∎

Man benyttede også en *regula de duo* [regel om to ting]. Her er et problem fra *Treviso-aritmetikken*, hvor denne regel blev anvendt.

Eksempel 20

Den hellige fader sendte en kurér fra Rom til Venedig, og befalede ham at nå Venedig på 7 dage. Og det skete, at den vidtberømte signore fra Venedig samtidig sendte en kurér fra Venedig til Rom, som skulle nå Rom på 9 dage.

Strækningen fra Rom til Venedig er 250 mil. Der spørges om dels efter hvor mange dage kurérerne mødtes, og dels hvor mange mil hver af dem da havde tilbagelagt.

Bogens forfatter giver uden nogen forklaring løsningen på det første spørgsmål som $7 \cdot 9$ divideret med $7 + 9$, altså $63/16$ [og den benyttede regel er netop *regula de duo*]. En begrundelse for løsningens rigtighed er følgende: Kuréren fra Rom tilbagelægger $1/7$ af vejen pr. dag; kuréren fra Venedig tilbagelægger $1/9$ af vejen pr. dag. Tilsammen tilbagelægger de altså $1/7 + 1/9$, dvs. $(9 + 7)/(7 \cdot 9)$, af vejen pr. dag. Følgelig må de mødes efter $(7 \cdot 9)/(7 + 9)$ dage [hvor de jo tilsammen netop har tilbagelagt hele strækningen].

Det bemærkes, at det til besvarelse af det første spørgsmål ikke er nødvendigt at kende vejlængden. Det andet spørgsmål i opgaven blev besvaret ved hjælp af *regula de tri*. ∎

62 Matematikkens stilling i 1500-, 1600- og 1700-tallet

Matematikken opfattedes stadig i 1500-, 1600- og 1700-tallet hovedsageligt som en hjælpedisciplin til astronomi, navigation, handel, ingeniørvidenskab, udvikling af krigsmateriel, osv. Der stilledes efterhånden større og større krav til hurtige og nøjagtige beregninger.

Nogle milepæle i henseende til det sidste var udnyttelsen af decimalbrøker og opfindelsen af mekaniske regnemaskiner samt logaritmer. I vore dage benytter vi stadig decimalbrøker, og mekaniske regnemaskiner og logaritmetabeller er først gået (delvis) ud af brug i takt med lommeregneres og computeres fremmarch inden for de seneste årtier.

Decimalbrøker blev anvendt, før nederlænderen Simon Stevin [jf. omtalen nedenfor] fra Brügge i 1585 fik udgivet *De Thiende* [*Tiendedelen*, som udkom på fransk samme år]. Fx skrev franskmanden François Viète [jf. omtalen i Afsnit 65] i 1579, at sexagesimalbrøker og "tressere" bør bruges sjældent eller aldrig i matematikken; men tusindedele og tusinder, hundrededele og hundreder, tiendedele og tiere bør benyttes hyppigt eller udelukkende – og det var der da også adskillige, der gjorde. Stevin var altså på ingen måde opfinderen af decimalbrøkerne, som lejlighedsvis var blevet benyttet af kineserne, af araberne og af Renæssancens europæere. Men for langt de fleste, herunder de, der faktisk ville have haft stor nytte af dem, var decimalbrøker imidlertid ukendte. Det ændredes med Stevins lille bog, som var den første systematiske afhandling om dem. Hans udtalte hensigt var at lære enhver, hvordan man med uhørt lettelse kunne udføre alle beregninger "med hele tal og uden brug af brøker". Stevin tænkte nemlig på en decimalbrøk som et antal hele, et antal tiendele, et antal hundrededele, osv., og han skrev fx

3,1416 sådan: 3 ⓪ 1 ① 4 ② 1 ③ 6 ④   Figur 66

(eller "pladsnummeret" blev noteret over "sit tal").

Forekommer det dig underligt, at Stevin tænkte på sine decimalbrøker som hele tal og ikke som tiendele, hundrededele, osv., så tænk på, hvordan vi opfatter og noterer fx 3 timer 14 minutter og 16 sekunder; det er vist som angivet, eventuelt forkortet til 3 t 14 m 16 s eller lignende. Specielt tænker vi i hele tal og ikke som 14/60 og $16/60^2$, vel?

Simon Stevin fra Brügge i det nuværende Belgien, 1548-1620 var egentlig arkitekt og militæringeniør, og stod bl.a. i spidsen for digesystemet i en for Nederlandene kritisk periode under krigen mod Spanien.

Gennem sin lille bog *De Thiende* gjorde han decimalbrøkerne kendte og populære i bredere kredse, dog i en lidt anden form end den, vi nu benytter.

Stevin bidrog også til udviklingen af den symbolske algebra, samt især via tyngdepunktsberegninger til den senere udvikling af infinitesimalregningen [jf. Del 3, Kapitel F].

Notationen blev dog snart forenklet, og i skotten John Napiers (eller Nepers) [jf. omtalen nedenfor] engelske udgave af sin logaritmeteori fra 1616 blev decimalbrøkerne noteret som nu.

Det var den netop omtalte John Napier, der – formodentlig med udgangspunkt i trigonometri og efter mindst 20 års arbejde – som den første i 1614 publicerede en teori for *logaritmer*[29] under navnet *Mirifici logarithmorum canonis descriptio* [*En beskrivelse af den vidunderlige lov for logaritmer*]. Han selv og englænderen Henry Briggs forbedrede snart Napiers logaritmer (næsten) til logaritmerne med grundtal 10 og med logaritmen af 1 til at være 0. Og i 1624 publicerede Briggs en 14-cifret logaritmetabel med logaritmer for tallene fra 1 til 2000 og tallene mellem 90000 og 100000; senere blev hullet fyldt ud af nederlænderen Adrian Vlacq. Svejtseren Jost Bürgi indførte uafhængigt af Napier logaritmer algebraisk i 1620.

Det, der gør logaritmerne så anvendelige, er, at der [for alle positive tal a og b] gælder

$\log(ab) = \log(a) + \log(b)$.

---

[29] Ordet kan føres tilbage til de græske ord *logos* (forhold) og *arithmos* (tal).

Man kan i kraft heraf ved hjælp af en logaritmetabel – og helst også en tilhørende antilogaritmetabel, dvs. en eksponentialtabel – erstatte den "besværlige" multiplikation med den "lette" addition, og tilsvarende division med subtraktion, potensopløftning med multiplikation [og "i næste omgang" med addition], og roduddragning med division [og "i næste omgang" med subtraktion]. Opfindelsen af logaritmer betød en meget væsentlig lettelse, specielt ved de regnemæssigt meget krævende astronomiske beregninger.

John Napier (på latinsk: Neper), skotsk, 1550-1617 arbejdede i mindst 20 år, før han i 1614 som den første publicerede en teori for logaritmer under navnet *Mirifici logarithmorum canonis descriptio* [*En beskrivelse af den vidunderlige lov for logaritmer*].

Han selv og englænderen Henry Briggs forbedrede snart Napiers logaritmer (næsten) til logaritmerne med grundtal 10 og med logaritmen af 1 til at være 0. Det karakteristiske for alle logaritmer (logaritmefunktioner) er, at multiplikation erstattes af addition, hvilket før lommeregneres og computeres tid betød en stor regnemæssig lettelse.

63 Cardanos *Ars magna*

I begyndelsen af 1500-tallet var det som nævnt sidst i Afsnit 59 lykkedes for nogle italienske matematikere at løse (visse typer af) tredjegradsligninger algebraisk [dvs. at udtrykke løsningerne ved hjælp af de fire elementære regningsarter samt roduddragning]. Tredjegradsligninger var et emne, hvis historie kan spores helt tilbage til de gamle babyloniere, og som mange i tidens løb havde beskæftiget sig med, eksempelvis araberne og Fibonacci.

Den første, der publicerede om emnet, var Girolamo Cardano (1501-1576) i bogen *Ars magna* [*Den store kunst*] fra 1545. Hans begrundelser var helt i stilen efter araberne og Fibonacci, og løsningen blev givet på receptform.

Bog 1 Elementer fra tallenes og algebraens historie   H EUROPÆERNE

Eksempel 21

Jeg citerer fra [1], side 170:

> Lad for eksempel kuben på GH og et seksfold af siden GH være lig med 20. Jeg tager to kuber AE og CL, hvis differens er 20, således at produktet af siden AC og siden CK er 2, nemlig en tredjedel af antallet af ting. Jeg afskærer CB lig med CK og siger, at når der er gjort således, vil det resterende linjestykke AB være lig med GH og derfor lig med den ting, der skal bestemmes, thi GH var jo netop antaget at være den.

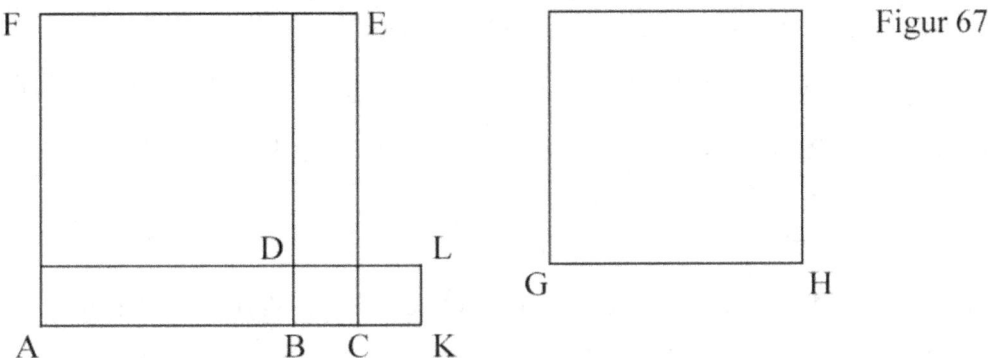

Figur 67

Og sådan fortsatte han; ovenstående tekst udgør ca. 2/15 af hele Cardanos begrundelse. Tegningerne ovenfor skal man tænke på som rumlige [jf. Cardanos tekst]. Afsluttende sammenfattede Cardano det indsete i følgende recept.

> Kuben og 6 positioner er lig med 20. Opløft 2, en tredjedel af 6, til kube, det er 8, gang 10, halvdelen af tallet, med sig selv, det er 100, føren 100 og 8, det giver 108, uddrag roden som er R_x 108, tag to af dem.

> Adder til den første 10, halvdelen af tallet, og træk fra den anden lige så meget, så har du binomiet R_x 108 p 10 og apotomet R_x 108 m 10, af hvilke du tager R_x – kube – og træk den som hører til apotomet fra den der hører til binomiet, så har du tingen, der skulle bestemmes.

Vi vil ikke gå nærmere ind på dette her [vi tager emnet op igen i Bog 2, Afsnit 86], men blot nævne, at den betragtede ligning i vor notation er $x^3 + 6x = 20$, og at recepten svarer til angivelse af én af løsningerne, nemlig

$$\sqrt[3]{\sqrt{108}+10} - \sqrt[3]{\sqrt{108}-10} \, . \blacksquare$$

Derimod noterer vi os, at begrundelserne stadig her midt i 1500-tallet er geometriske. Vi er tilsyneladende stadig lysår fra det, vi forbinder med algebra: *Opstilling af ligninger og omskrivninger af disse ved anvendelse af regnereglerne for tal*. Men denne såkaldte *symbolske algebras* fødsel skulle imidlertid vise sig at være nært forestående.

I *Ars magna* begyndte Cardano også – med ironisk distance, måske [med Platons ord] for ikke at "blive leet ud" – at lege med *imaginære*[30] tal.

Eksempel 22

Bl.a. spurgte Cardano efter to tal, hvis sum er 10, og hvis produkt er 40. Betegner vi de to tal x og y, skal det altså gælde, at

$$x + y = 10 \quad \text{og} \quad xy = 40. \tag{23}$$

Af den første ligning finder vi $y = 10 - x$, som ved indsættelse i den anden ligning viser, at x må opfylde ligningen

$$x^2 - 10x + 40 = 0.$$

Forstår vi – vel vidende, at kvadratet på et tal aldrig kan være negativt – ved fx $\sqrt{-15}$ et "tal", som ganget med sig selv giver -15, så fortæller løsningsformlen for rødderne i en andengradsligning [jf. eventuelt Sætning 4 i Bog 2, Afsnit 8], at der må gælde:

$$x = 5 \pm \sqrt{-15} \quad \text{[dvs. } x \text{ må være enten } 5 + \sqrt{-15} \text{ eller } 5 - \sqrt{-15} \text{]}.$$

Ved indsættelse i den første af ligningerne ovenfor ses, at når x tillægges den ene af de to værdier, så må y tillægges den anden af værdierne.

Vi kunne nu slå ovenstående hen som det rene nonsens; men fortsætter vi spøgen ved at gøre prøve for at se, om de to fundne "tal" opfylder betingelserne, finder vi:

$$5 + \sqrt{-15} + 5 - \sqrt{-15} = 5 + 5 = 10$$

og

$$\left(5 + \sqrt{-15}\right) \cdot \left(5 - \sqrt{-15}\right) = 25 - 5\sqrt{-15} + 5\sqrt{-15} - (-15) = 40.$$

---

[30] Det latinske ord *imaginarius* betyder *forestille sig, indbilde sig*; der er altså tale om *indbildte tal*.

Det kunne altså "i en eller anden forstand" tyde på, at der alligevel er fornuft i sådanne imaginære tal! [Vi vender tilbage til dette emne i Bog 2, Afsnit 86 samt i Bog 3, Kapitel G.] ∎

Girolamo Cardano, italiensk, 1501-1576 viste i sin berømte *Ars magna* fra 1545, hvordan såvel tredje- som fjerdegradsligninger kunne løses algebraisk. Fremgangsmåderne havde han fået af to landsmænd, Nicolo Tartaglia og Ludovico Ferrari, som henholdsvis angreb og forsvarede Cardano for publicering derom.

Cardano var også berømt som læge – og berygtet som astrolog og spillefugl. Desværre blev hans tanker om spilchancer overset – de kunne ellers have markeret starten på sandsynlighedsregningen. Han har også lagt navn til cardanakslen.

64 Optakt til den symbolske algebra

Vi har set, at 1500-tallet og begyndelsen af 1600-tallet var en tid, hvor der skete en for anvendelserne god og forholdsvis hurtig udvikling af matematikken. Ikke mindst løsningen af tredjegradsligningen betød meget for selvfølelsen og bidrog derved generelt til de følgende rask fremadskridende matematiske landvindinger. Også inden for stort set alle andre områder var denne tid en opgangstid, ikke mindst på grund af Europas ekspansion som følge af opdagelser og efterfølgende kolonisation.

De efterfølgende hundrede år var derimod en generel krisetid for Europa på grund af især religionskrige og sygdomsepidemier. Hårdest gik det ud over Centraleuropa og Middelhavsområdet, mens fremgangen fortsatte og først efterhånden svækkedes i Nordvesteuropa. Det økonomiske tyngdepunkt forskubbedes i takt med udnyttelsen af de oversøiske områder til Nederlandene og England.

Trods den generelle nedgang skete der i perioden en voldsom vækst i matematikkens, specielt algebraens, landvindinger. Denne fremgang skyldtes ikke mindst, at nogle af de antikke græske værker i løbet af 1500-tallet var kommet i trykte (latinske) udgaver. Det gælder bl.a. Euklids *Elementer* [i 1482 ved oversættelse fra arabisk, i 1505 ved oversættelse direkte fra græsk], Diophants *Arithmetica* [i 1575], og Pappos' *Synagoge* [i 1588; den omtales i Afsnit 65 nedenfor].

65 Den symbolske algebra begynder

Som det banebrydende værk for den symbolske algebra regnes *In artem analyticam isagoge*[31] fra 1591, skrevet af franskmanden François Viète [jf. omtalen nedenfor]. For bedre at kunne forstå hvad der skete, vil vi referere fra hans landsmands René Descartes' berømte *Discours de la méthode pour bien conduire sa raison et chercher la vérité dans les sciences* fra 1637 [et filosofisk-matematisk værk, som kort kaldes *Metoden*; jf. omtalen af Descartes i Afsnit 69].

Descartes sammenlignede her den måde, tidens matematikere dyrkede deres videnskab på, med en mand, der i sin søgen efter en skat vandrede rundt i nattemørke for at se, om en tilfældig forbipasserende havde tabt noget. Med andre ord: De manglede system og metode! I den forbindelse henviste han til Antikkens matematikere, som utvivlsomt havde benyttet en speciel analysemetode, som de havde udviklet til at løse problemer med – men som de åbenbart ikke undte eftertiden at få del i. Han tænkte her på, at han selv ved læsning af antikkens geometri og aritmetik nok havde fundet adskillige korrekte beviser, men at det aldrig blev gjort klart, hvorfor de egentlig gjaldt, især ikke, hvordan de var blevet opdaget. Han efterlyste derfor den matematiske tankegang, som lå bag – og som han fandt spor af hos Diophant og især hos Pappos.

Han nævnede også, at der nu fandtes en slags aritmetik – "kendt under det barbariske navn *algebra*" – som syntes at være netop den videnskab, han efterlyste. Hvis den vel at mærke blev befriet for det vældige opbud af tal og uforklarlige figurer, med hvilke den var overfyldt, sådan at den kunne opvise den klarhed og enkelhed, som han mente burde eksistere i ægte matematik.

---

[31] Dette senlatinske ord kan føres tilbage til græsk *eis* og *agein*, som betyder henholdsvis *ind* og *føre, lede*; dvs. der er tale om indledning til en ny videnskabsgren.

Descartes havde for øvrigt det endemål at finde systematiske fremgangsmåder til helt generelt at løse problemer, ikke blot matematiske.

Men hvad var det, Euklid m.fl. "gemte i ærmet", og hvordan kom Pappos ind i billedet?

I Euklids *Elementer* var alle spor slettet, som kunne vise, hvordan han var nået frem til den sætning, han beviste, eller det problem, han demonstrerede løsningen af. Hans fremstilling var rent *syntetisk*[32].

Pappos, som levede i Alexandria omkring 250 e.Kr., dvs. samtidig med Diophant, benyttede i sit værk *Synagoge*[33] før syntesen en *analyse*[34]. *Analyse-syntese-metoden* [*Pappos' metode*, som for øvrigt nok går helt tilbage til pythagoræerne] blev fra 1600-tallet den videnskabelige metode par excellence.

Lad os belyse begreberne ved hjælp af et par meget enkle eksempler.

Eksempel 23
For at bevise, at en vilkårlig trekant har en omskrevet cirkel [altså at der eksisterer en cirkel, som går gennem alle tre vinkelspidser i trekanten], starter vi med en analyse: Vi tænker på en vilkårlig trekant ABC og forudsætter det, vi skal bevise, altså at den har en omskrevet cirkel. Denne cirkels centrum O har samme afstand fra alle tre vinkelspidser. Da altså OA og OB er lige lange, så må O ligge på midtnormalen for AB [idet midtnormalen for AB jo netop består af alle de punkter, som har samme afstand fra A og B]; tilsvarende må O ligge på midtnormalen for A og C. O må altså netop være skæringspunktet for de to nævnte midtnormaler. Hermed er analysen til ende. Den har godtgjort, at det eneste mulige centrum for en cirkel, som går gennem A, B og C, er skæringspunktet for de nævnte midtnormaler.

Nu følger så syntesen: De to nævnte midtnormaler konstrueres. Da AB og AC ikke er parallelle, så er de to midtnormaler heller ikke parallelle; dvs. de skærer hinanden. Lad deres skæringspunkt være O. Da O ligger på midtnormalen for AB, så har O samme afstand til A og til B; og da O ligger på

---

[32] Det græske ord *synthesis* betyder *sammenfatte*; dvs. der er tale om sammenfatning af enkeltdele til en helhed. Beslægtet hermed er at angive *tilstrækkelige* betingelser.
[33] Dette græske ord betyder *forsamling*, og er dannet af *synagein*, der betyder *sammenføre*.
[34] Det græske ord *analysis* betyder *opløse*, dvs. opløsning af en helhed i bestanddele. Beslægtet hermed er at angive *nødvendige* betingelser.

midtnormalen for AC, så har O samme afstand til A og til C. Men så har O altså samme afstand til alle tre punkter A, B og C; dvs. cirklen med centrum i O og radius OA går igennem alle tre punkter A, B og C. Hermed er påstanden bevist. ∎

Eksempel 24

Bestem to tal, hvis sum er 100, og hvis differens er 40. <u>Analyse</u>: Kaldes de søgte tal for x og y, så skal det altså gælde, at $x + y = 100$ og $x - y = 40$. Vi forudsætter nu det, vi skal bevise, altså at vi har to tal x og y, som tilfredsstiller de to ligninger. Ved addition følger, at $2x = 140$, altså at $x = 70$; og i fortsættelse heraf, at $y = 30$; dvs. tallene 70 og 30 er opgavens eneste mulige løsning.

<u>Syntese</u>: Da $70 + 30 = 100$ og $70 - 30 = 40$, så er 70 og 30 løsning til opgaven. ∎

Det fremgår forhåbentlig af disse eksempler, hvad Descartes mente med, at en kun syntetisk besvarelse – selv om den i sig selv var tilstrækkelig til at løse den stillede opgave – var utilfredsstillende ved ikke at røbe, hvordan opgaveløseren havde fundet på sin løsning.

Viètes idé gik ud på at anvende Pappos' metode på Diophants algebra – sådan som vi gjorde det i Eksempel 24 ovenfor; Pappos selv anvendte kun metoden i geometrien. I sine undersøgelser fandt Viète ud af, at det i flere henseender tit var en fordel at anvende bogstavsymboler også for givne tal [vi har tidligere i vor symbolik været inde på denne parameter-idé; jf. fx Afsnit 46]. Dette synes at være en nærliggende tanke, for i geometrien er et givet punkt eller linjestykke jo netop "fastlagt på denne upræcise måde". I Eksempel 24 ovenfor svarer dette til, at han [udtrykt med vor symbolik] ville betragte ligningerne

$$x + y = a \quad \text{og} \quad x - y = b,$$

hvor a og b er givne tal. <u>Analysen</u> består nu i, at man – idet man forudsætter, at ligningerne har løsninger x og y [for de givne tal a og b] – prøver at fastlægge (egenskaber ved) x og y, altså betingelser, som x og y <i>nødvendigvis</i> må opfylde. I vort simple tilfælde fremgår det let (ved addition) – idet man alene bygger på for alle tal gældende regneregler – at $2x = a + b$, dvs. at

$$x = \frac{a+b}{2}$$

og ved indsættelse af dette i en af ligningerne, at

$$y = \frac{a-b}{2}.$$

Analysen har altså her vist, at den eneste mulige løsning er givet ved de fundne udtryk for x og y.

<u>Syntesen</u> består i at sikre sig, at de fundne udtryk for x og y virkelig udgør en løsning på det stillede problem, altså at de fundne nødvendige betingelser for x og y også er *tilstrækkelige*. Rigtigheden heraf fremgår sådan [ligeledes alene ved at bygge på for alle tal gældende regneregler]:

$$\frac{a+b}{2} + \frac{a-b}{2} = a \quad \text{og} \quad \frac{a+b}{2} - \frac{a-b}{2} = b.$$

De givne, men vilkårlige, tal a og b kaldes som sagt [når de er angivet på denne uspecificerede måde] for *parametre*. Viète skelnede klart mellem parametre, som han angav ved konsonanter, og ubekendte, som han angav ved vokaler.

François Viète, fransk, 1540-1603 var 1500-tallets bedste matematiker. I 1591 skrev han *In artem analyticam isagoge*, der regnes for at markere starten på den symbolske algebra. Hans grundlæggende idé var at anvende Pappos' metode med *analyse* før *syntese* på algebraen.

Ved ikke alene at benytte bogstaver for ubekendte, men også for bekendte tal (parametre) muliggjorde Viète opskrivning af generelle formler og udformning af generelle beviser. Anvendelsen af parametre fokuserede også opmærksomheden på regneregler og åbnede derved op for en ny opfattelse af talbegrebet.

66 Fordele ved at anvende parametre

Lad os fremhæve og kommentere nogle fordele ved at anvende parametre i algebraen:

(i) Generelle formler og beviser muliggøres.

Mens geometriske beviser var generelle [jf. Eksempel 23 i Afsnit 65 ovenfor, hvor vi beviste, at enhver trekant har en omskrevet cirkel], så havde man i algebraen før Viètes tid stort set kun løst konkrete problemer; tænk fx tilbage på, hvordan Diophant altid skyndsomst tillagde "upræcist givne" tal bestemte værdier, og på Fibonacci og Cardano, som betragtede konkrete ligninger – om end deres recepter var generelle. Mens man hidtil kun havde angivet – og kun kunne angive – algoritmer/fremgangsmåder/metoder/recepter til løsning af ligninger, så var det ved benyttelse af parametre muligt at angive *formler* for løsningerne. Tænk fx på formlerne for x og y i Eksempel 24 i Afsnit 65 ovenfor, eller på formlen til bestemmelse af rødderne i en parametriseret andengradsligning $ax^2 + bx + c = 0$ [jf. Bog 2, Afsnit 18]. Ved at benytte parametre i algebraen kunne man altså – analogt med, at man i geometrien på én gang kunne behandle eksempelvis alle trekanter – på én gang behandle eksempelvis alle andengradsligninger.

(ii) Opmærksomheden fokuseres på regneregler.

Når såvel givne som ubekendte tal blev angivet ved bogstaver, så kunne "forstyrrelser", som fx at 4 + 2 "forsvandt" i form af 6, ikke aflede opmærksomheden – det eneste afgørende for bogstavsymbolerne var, at de var potentielle tal [altså når som helst kunne erstattes med tal], og det eneste, man kunne gøre for at komme videre, var at udnytte *for alle tal gældende regneregler*.

Når eksempelvis al-Khwarizmi, Fibonacci eller Cardano gav begrundelser, så var disse tæt knyttet til den foreliggende situation, illustreret ved linjestykker, rektangler og kvadrater, og stilen var retorisk eller synkoperet. Og de skrev blot det ned, som de i forvejen havde ræsonneret sig frem til. Tænker vi os, at det, de skrev ned med ord, blev formuleret i "ligningssprog", så ville det karakteristiske altså være, at ved omformning af en ligning til den næste krævedes et mellemliggende [ofte geometrisk tonet] ræsonnement – og tankerne var fokuseret på de objekter, man ræsonnerede om.

I den symbolske algebra udføres overgangen fra en ligning til den næste derimod ved henvisning til gyldigheden af regneregler – og uden, at man overhovedet behøver at skænke det en tanke, hvad symbolerne i øvrigt står for. Først med den symbolske algebra og en hensigtsmæssig notation har man midler i hænde, så man kan ræsonnere algebraisk i moderne forstand – og først da er algebraen blevet et effektivt hjælpemiddel. En "ren" anvendelse af denne den symbolske algebras grundlæggende idé om udelukkende at bygge på regneregler, har jeg eksempelvis illustreret i det i Afsnit 65 betragtede Eksempel 24, hvor der skulle bestemmes to tal med sum 100 og differens 40.

(iii) Der åbnes op for en ny opfattelse af talbegrebet.

Dette skal ses i fortsættelse af (ii). Ved at fokusere på regneregler får fx diskussionen af, hvorvidt negative tal er tal eller ej, en væsentlig drejning. For regnereglerne fastlægger implicit, hvad tal er – nemlig sådanne størrelser, for hvilke regnereglerne er gyldige. Vi berørte allerede denne synsvinkel i Afsnit 54.

67 Negative tal

Det er tankevækkende – og ved nærmere eftertanke ganske logisk – at negative tal først for alvor begyndte at vinde gehør i forbindelse med den symbolske algebra, og altså faktisk efter de imaginære tals opdukken.

▶ **Bemærkning**: Det rejser det spørgsmål, om negative tal tages for tidligt op i skolen. I hvert fald skal man være opmærksom på, at de regnemæssigt kun kan "retfærdiggøres" i forbindelse med den symbolske algebra. Godt nok kan man problemfrit tale om minusgrader, om tab, gæld, osv.; men regneudtryk som eksempelvis $(-3) - (-5)$ og $(-3) \cdot (-5)$ har egentlig kun mening i den symbolske algebra (som altså først kom til verden meget sent i menneskehedens historie, og måske derfor også først bør komme relativt sent i elevers læring af matematik). ◀

Lad os standse lidt op for at se nærmere på emnet negative tal, som det i en vis forstand har voldt menneskene lige så store problemer at forholde sig til som til de – teoretisk set langt mere komplicerede – irrationale tal. Ordet *negativ* kan henføres til latinsk *negare* [nægte]. Så sprogbrugen giver udtryk for, at man har "taget afstand fra" negative tal på lignende måde som fra irrationale tal [*ratio* betyder *fornuftsmæssig, logisk*; *irrational* følgelig *fornuftsstridig*] og fra imaginære tal [*imaginarius* betyder som allerede nævnt i Fodnote 30 *forestille sig, indbilde sig*; dvs. der er tale om *indbildte tal*].

Inderne og især kineserne regnede tidligt med negative tal; men da de ikke gav begrundelser, er det uklart, hvordan de egentlig opfattede dem – vel næppe som andet end et praktisk hjælpemiddel. Og grækerne afviste totalt negative tal i videnskabeligt øjemed.

Fra 900-tallets Europa kendes et lille skrift *De arithmeticis propositionibus* [*Om aritmetiske sætninger*] af ukendt forfatter, hvori det afsløres, hvilke forestillinger man gjorde sig om negative tal på den tid. Det hedder [jeg citerer fra [14], side 66]:

> Sand (dvs. positiv) betyder væren, minus betyder ikke-væren. (Reglen) sammenføj 3 og minus 7, det bliver minus 4 (blev forklaret på følgende måde:) Når 3 med det sande navn og minus 7 bliver sammenføjet, vil, fordi det ikke-værende er større end det værende, de ikke-værende 7 overvinde de værende 3 og forbruge dem med deres ikke-væren, der bliver tilbage af dette 4 ikke-værende tal.

Cardano godtog i *Ars magna* [jf. Afsnit 63] negative løsninger til ligninger, men betegnede dem som *numeri ficti* [altså *fiktive tal, opdigtede tal*] i modsætning til positive løsninger, som han kaldte *vera* [*sande*]. Han var imidlertid klar over, at man kan ændre en ligning til en anden ligning sådan, at en fiktiv løsning til den første ligning svarer til en sand løsning til den anden. Ligningen $x^3 + 21 = 2x$ har eksempelvis den fiktive løsning 3 [dvs. –3 er løsning], og "derfor" har [den ændrede ligning] $x^3 = 2x + 21$ den sande løsning 3.

Stifel [jf. Afsnit 59] omtalte negative tal som *absurde* [fordi de var mindre end 0], og Descartes [jf. omtalen i Afsnit 69] anså negative rødder for *falske*, fordi de var tal, som var "mindre end ingenting". Napier [jf. omtalen i Afsnit 62] kaldte negative tal for *defekte*. Den franske forfatter og matematiker Blaise Pascal [der allerede som teenager først i 1640'erne konstruerede en fremragende mekanisk regnemaskine; han omtales nærmere i Bog 3, Afsnit 17] mente, at subtraktion af 4 fra 0 var uden mening. I starten af 1600-tallet ræsonneredes endvidere sådan: $(-1)/1$ kan ikke være lig med $1/(-1)$; for –1 er mindre end 1, og et mindre tal kan ikke forholde sig til et større som et større til et mindre.

Også englænderen John Wallis [jf. omtalen i Bog 3, Afsnit 20] mente i anden halvdel af 1600-tallet, at en størrelse umuligt kunne være mindre end 0. Han begrundede det bl.a. ved, at 1/0 er uendelig stort; og hvis nu nævneren blev gjort endnu mindre, dvs. negativ, så måtte brøkens værdi være større end uendelig, hvilket var absurd. Dog tilføjede han, at antagelsen om en negativ størrelse alligevel hverken var nytteløs eller absurd, når blot den blev forstået rigtigt. Og den rigtige forståelse var en fysisk fortolkning: At gå –3 skridt fremad er det samme som at gå tre skridt baglæns. I 1700-tallet blev der [af langt de fleste matematikere] regnet med negative tal uden betænkeligheder, netop som "modstillede" til positive tal. Men helt ind i begyndelsen af 1800-tallet var der matematikere, som hårdnakket nægtede at godtage negative tal. [Vi tager de negative tals historie op igen i Bog 3, Afsnit 20.]

8 Viètes symbolik

Imidlertid satte Viète kun den symbolske algebra i gang. Hvor fremsynet hans tankegang end var på nogle punkter, så lod i hvert fald hans notation meget tilbage at ønske. Eksempelvis ville han have skrevet ligningen

$$x^3 + 5x^2 - 2x = D \qquad \text{[hvor } D \text{ er et vilkårligt tal]}$$

nogenlunde sådan [endda med ord i stedet for additions- og subtraktionstegn]:

A cubum $+ B$ 5 in A quadratum $- C$ plano 2 in A aequatur D solido.

B'et og C'et samt ordene *plano* og *solido* har sin forklaring i, at Viète ikke havde løsrevet sig fra geometrien; størrelser, som blev adderet eller subtraheret, måtte være af samme "dimension".

Før Viète var det sædvane at benytte helt forskellige symboler for forskellige potenser af samme størrelse. Som det fremgår, benyttede Viète imidlertid samme bogstav og skrev eksempelvis, hvad vi ville notere som x, x^2 og x^3, som henholdsvis A, A quadratum og A cubum. Næste skridt i udviklingen var, at nogle forenklede til A, Aq og Ac. Englænderen Thomas Harriot (1560-1621) forbedrede yderligere Viètes notation ved at skrive a, aa, aaa, osv.; han indførte også tegnene $<$ og $>$, og benyttede lejlighedsvis · for multiplikation. Og Descartes, som bidrog til udviklingen med adskillige notationsforbedringer, skrev bl.a. x, x^2, x^3, osv. Det nuværende amerikanske symbol $\div$ for division blev indført i 1659 af svejtseren Johann Heinrich Rahn; i Europa benyttedes dette symbol helt ind i min skoletid derimod for subtraktion. Der blev i det hele taget i 1600-tallet indført mangfoldige symboler, af hvilke kun et fåtal overlevede.

69 Descartes tanker i *La methode*

Et vidnesbyrd om, at algebraens effektivitet var på hastig fremmarch, var ikke mindst et appendix i Descartes' *Metoden*, hvori han – under henvisning til, at løsning af geometriske problemer som regel kræver gode idéer [afsætning af en snedigt valgt hjælpelinje, drejning af en del af en figur, eller lignende] – slog til lyd for at oversætte geometriske problemer til algebraiske, løse dem ved hjælp af de mere systematiske algebraiske metoder, og sluttelig oversætte løsningen tilbage til geometrisk sprog. Denne oversættelse skete i forbindelse med et *koordinatsystem* – og Descartes regnes af den grund for koordinatsystemets skaber, skønt andre tidligere havde syslet med lignende tanker, og skønt Descartes' koordinatsystem havde "mangler" [jf. Bog 2, Afsnit 32].

Vi bemærker, at algebraen pludselig var ved at overhale geometrien indenom! Det er også værd at notere sig, at når man eksempelvis udfører ræsonnementer for en vilkårlig trekant, så har man (næsten altid) en tegnet trekant at støtte sig til – og derved forledes man let til at slutte mere, end det givne berettiger til. Derimod er der ikke så stor fare for at "lægge noget ekstra" i et vilkårligt tal a i forbindelse med algebraiske ræsonnementer – algebraens [hidtil manglende] vilkårlige objekter blev med den symbolske algebras fremkomst så at sige mere vilkårlige end geometriens.

René Descartes, fransk, 1596-1650 skrev i 1637 den berømte *Discours de la méthode pour bien conduire sa raison et chercher la vérité dans les sciences* (kort *Metoden*), hvori han forsøgte at anvise en – i sit væsen matematisk – universel metode til problemløsning. I et appendix til bogen, *La geometrie*, eksemplificerede han sine tanker – og regnes i kraft heraf for den *analytiske geometris* grundlægger.

Descartes var også en af den symbolske algebras foregangsmænd, ikke mindst bidrog han væsentligt til en forbedret notation – hvilket var stærkt påkrævet.

70 Status for algebraen

Men algebraen led stadig under den svaghed, at man ikke havde nogen matematisk tilfredsstillende definition af, hvad negative, irrationale og imaginære tal er. Men i pagt med tidens anvendelsesbetonede indstilling var flere og flere – efterhånden som de så den symbolske algebra blive udviklet til et særdeles effektivt værktøj – tilfredse med at have årtusinders erfaringer bag sig. Altså regnede man i det næste par århundreder ufortrødent løs med sådanne tal i tillid til, at de opfyldte regnereglerne [jf. eventuelt starten af Bog 3].

I forbindelse med omtalen af en ny opfattelse af talbegrebet i Afsnit 66 nævnte jeg, at tal i den symbolske algebras ånd simpelthen kunne karakteriseres som objekter, med hvilke man kunne regne i overensstemmelse med "de velkendte" regneregler. Imidlertid var man slet ikke i stand til at bevise, at negative tal, irrationale tal eller imaginære tal opfylder disse regneregler [det ville jo bl.a. kræve en præcisering/definition af sådanne objekter]. Kun for naturlige tal havde man i kraft af grækernes definitioner og beviser sikret dette. At sikre det for de øvrige talområders vedkommende er temaet for Bog 3.

I begyndelsen af 1800-tallet forsøgte nogle (især engelske) matematikere at stille algebraen [som for dem betød lovene for operationer med tal] lige med geometrien, idet de prøvede at forsyne den med et logisk grundlag. Mest indflydelsesrig blev George Peacocks *Treatise of Algebra* [fra 1830]. Hans hovedidé var at skelne mellem *aritmetisk algebra* og *symbolsk algebra*. Førstnævnte refererede kun til operationer med positive tal [og krævede derfor efter Peacocks opfattelse ingen begrundelse]. Eksempelvis er $a - (b - c) = a + c - b$ en lov fra den aritmetiske algebra, når $b > c$ og $a > b - c$. Den blev til en lov hørende til den symbolske algebra, hvis der ikke blev lagt restriktioner på a, b og c, altså når der ikke blev forudsat nogen præcisering af symbolerne.

I forlængelse af Viètes tanker kom symbolsk algebra altså til at handle om operationer med symboler, som ikke behøvede at referere til en specifik type objekter, men som "blot" forudsattes at adlyde lovene for aritmetisk algebra. Peacock formulerede sin idé i det såkaldte *permanensprincip*; i dette hævdes, at

> to vilkårlige algebraiske former, som er ækvivalente, når symbolerne er generelle i form, men specifikke i værdi, vil også være ækvivalente, når symbolerne er generelle i værdi såvel som i form.

Denne besværgelse gør sådan set ikke algebraens situation bedre; for den fortæller jo hverken, hvad negative, irrationale eller komplekse tal er, eller hvorfor de opfylder diverse regneregler. Først i anden halvdel af 1800-tallet var matematikken blevet så veludviklet, at man kunne give matematisk set tilfredsstillende definitioner af de forskellige slags tal samt beviser for regnereglernes gyldighed. I Bog 3 gives en omhyggelig, men langt fra udtømmende, belysning af dette.

Vigtigheden af Peacocks arbejde bestod da også først og fremmest i, at han fremhævede, at symbolerne så at sige levede deres eget liv uden nødvendigvis at skulle eller kunne fortolkes som tal. Nogle har sagt, at dette signalerede den abstrakte algebras fødsel [altså det, som denne bog ikke handler om; jf. FORORD].

For øvrigt åbnede tyskeren Carl Friedrich Gauss [jf. omtalen i Bog 3, Afsnit 60] allerede i *Disquisitiones Arithmeticae* [fra 1801] som den første op for en "bredere" opfattelse af regneoperationer, nemlig ved at studere såkaldte *kongruenser*. Dette emne vil vi vende tilbage til i Bog 2, Kapitel J.

Opgaver til 1H EUROPÆERNE

Opgave 1H1

Angiv tallene 74 og 57 [det andet under det første] på Gerberts regnebræt [skriv gerne cifre i stedet for at benytte markører, dvs. undlad at tegne boller omkring cifrene].

Adder dernæst de to tal ved at anføre passende cifre/markører nedenunder. Overvej efterfølgende, om der [i modsætning til ved "småstens-angivelse"] er nogen som helst regnemæssig lettelse ved brug af markører, og om det er nødvendigt at kende den lille additionstabel.

Multiplicer tilsvarende de to tal; og overvej om Gerberts markører giver nogen regnemæssig lettelse, og om det er nødvendigt at kende den lille multiplikationstabel.

Opgave 1H2

Udskift i opgaveformuleringen i Eksempel 14 i Afsnit 57 1/3 med 1/5, og bestem, hvor mange bezanter hver af de to mænd havde, og hvor meget hesten kostede [idet det underforstås, at de tre søgte tal er de mindst mulige i hele antal bezanter].

Bestem dernæst de tre tilsvarende hele antal, hvis det oplyses, at hestens pris ligger mellem 30 og 40 bezanter.

Opgave 1H3

I *Liber abaci* behandlede Fibonacci en del problemer samlet fra indiske, kinesiske, ægyptiske og græske kilder. Her er et af dem:

> Et træ står 21 længdeenheder over jorden med 7/12 af sin længde under jorden. Hvor langt er træet? [Der spørges altså tale om hele længden af dette besynderlige træ.]

Fibonacci løste opgaven ved regula falsi, idet han antog, at træet var 12 længdeenheder. Besvar opgaven ved såvel denne fremgangsmåde som ved en selvvalgt metode.

Opgave 1H4

Løs følgende opgave fra *Liber abaci*:

> En mand efterlod til sin ældste søn 1 bezant samt en syvendedel af, hvad der derefter var tilbage af hans formue. Til den næstældste søn efterlod han 2 bezanter samt en syvendedel af, hvad der nu var tilbage af hans formue. Til den tredje søn efterlod han 3 bezanter samt en syvendedel af, hvad der

nu var tilbage af hans formue. På den måde fortsattes; dvs. han efterlod hver søn 1 bezant mere end den foregående samt en syvendedel af, hvad der var tilbage af hans formue.

Det viste sig, at ved denne deling fik den sidste søn alt, hvad der var tilbage, og at alle sønner endda havde fået lige meget. Hvor mange sønner var der, og hvor stor var mandens formue?

Opgave 1H5

Den mest berømte opgave i *Liber abaci* er utvivlsomt følgende:

> En mand satte et par kaniner ind i en have, omgivet af mure. Hvor mange par kaniner fås af det ene par i løbet af et år, hvis disse kaniners natur er sådan, at hver måned fødes for hvert par et nyt par, som fra dets anden måned er kønsmodent?

Vi vil forstå opgaven sådan, at det ene par, der oprindeligt placeres i haven, er nyfødt. Ved årets begyndelse er der altså 1 [nyfødt] par i haven. I løbet af den første måned bliver dette par kønsmodent. Efter 1 måned er der altså stadig kun 1 [nu kønsmodent] par i haven. I løbet af den anden måned får dette par et par unger. Efter 2 måneder er der altså 1 kønsmodent par og 1 nyfødt par, i alt 2 par. I løbet af den tredje måned får det kønsmodne par endnu et par unger, og dets første par unger bliver kønsmodne. Efter 3 måneder er der altså 2 kønsmodne par og 1 nyfødt par, i alt 3 par. I løbet af den fjerde måned får de to kønsmodne par hver 1 par unger, og det nyfødte par bliver kønsmodent. Efter 4 måneder er der altså 3 kønsmodne par og 2 nyfødte par, i alt 5 par. Osv. Endvidere forudsættes det, at ingen dør i løbet af året.

Besvar opgaven ud fra denne tolkning.

Den fremkomne talfølge 1, 1, 2, 3, 5, ... kaldes *Fibonacci-talfølgen*, og tal, der optræder i følgen, kaldes *Fibonacci-tal*. Fibonacci-tallene dukker op adskillige steder i matematikken – bl.a. har de nær forbindelse med det i Afsnit 42, Eksempel 7 omtalte gyldne snit [jf. også Bog 2, Afsnit 17, Eksempel 22 samt Opgaverne 2D25-2D27 og Opgaverne 3C4-3C17].

Opgave 1H6

Vi vil i Eksempel 15 i Afsnit 58 benytte vore symboler for regneoperationer m.m. i Jordanus' løsningsbeskrivelse [jf. det andet afsnit]. Derved kan vi i stedet for c skrive ab, i stedet for d skrive $4ab$, i stedet for e skrive $(a+b)^2$, i stedet for f skrive $(a+b)^2 - 4ab$, og i stedet for g skrive $\sqrt{(a+b)^2 - 4ab}$.

Udregn nu størrelsen under kvadratrodstegnet, og uddrag kvadratroden [idet a forudsættes at være større end eller lig med b (der er tale om et "pænt" udtryk i a og b; jf. eventuelt Bog 2, Afsnit 8, Sætning 3)].

Da s [$= a + b$] og p [$= a \cdot b$] er givne, kan a og b nu bestemmes som udtryk i s og p; gør det, og sammenlign med vor besvarelse af opgaven i Eksempel 15, Afsnit 58.

Hermed er givet generelle formler for løsningerne a og b, udtrykt ved hjælp af parametrene s og p. Afprøv dine formler på Jordanus' tal 10 (for s) og 21 (for p) [jf. tredje afsnit i Eksempel 15], og kontroller derved, at du finder samme løsninger som Jordanus.

Opgave 1H7
Udregn produktet af tallene 68 og 73, dels ved en selvvalgt fremgangsmåde, og dels på den i Eksempel 16, Afsnit 60 beskrevne måde.

Opgave 1H8
Udfør division med rest af 5316 med 94 ved Gerberts opstilling og fremgangsmåde [jf. Eksempel 16, Afsnit 60].

Opgave 1H9
Udfør division med rest af 5916 med 94 ved Gerberts opstilling og fremgangsmåde [jf. Eksempel 16, Afsnit 60].

Opgave 1H10
Udfør division med rest af 8097 med 66 ved jerndivision [jf. Eksempel 17 og teksten lige derover i Afsnit 60].

Opgave 1H11
Udfør division med rest af 8097 med 66 ved galejmetoden [jf. Eksempel 18 og teksten lige derover i Afsnit 60].

Opgave 1H12
Benyt såvel Gerberts metode som jerndivision og galejmetoden til at dividere 768 med 87 [med rest].

Opgave 1H13
Hvis 14 skal blive til 66, hvad skal da 27 blive til [jf. Eksempel 19 i Afsnit 61]?

Opgave 1H14

Bestem på en selvvalgt måde, hvor mange mil hver af de to kurérer i Eksempel 20, Afsnit 61 havde tilbagelagt, da de mødtes. Besvar dernæst opgaven ved anvendelse af regula de tri, dvs. besvar [for at finde det antal mil, den første kurér tilbagelagde] spørgsmålet: Hvis 7 skal blive til 250, hvad skal da 63/16 blive til?

Opgave 1H15

Følgende opgave stammer fra *Treviso-aritmetikken*.

> En mand har fundet en pengepung, som indeholder et antal dukater – jeg siger ikke hvor mange. Af disse spenderer han en fjerdedel, en femtedel og en sjettedel, hvorefter der er 9 dukater tilbage. Hvor mange dukater var der i pungen, da han fandt den?

Ved løsningen går forfatteren sådan frem [jf. regula falsi]: Først bemærker han, at den mindste fællesnævner for de tre brøker er 60. Dernæst tager han henholdsvis en fjerdedel, en femtedel og en sjettedel af 60, og finder henholdsvis 15, 12 og 10. Disse tre tal lægger han sammen og får 37, som han trækker fra 60; resultat 23. Derefter benytter han regula de tri: Hvis 23 skal blive til 9, hvad skal 60 da blive til? Og svaret på dette spørgsmål er hans løsning på opgaven.

Formuler din egen løsning på opgaven [ved en selvvalgt metode]. Fandt du samme svar som *Treviso-aritmetikkens* forfatter?

Opgave 1H16

Et arbejdshold kan asfaltere en vejstrækning på 10 km på 8 dage, et andet arbejdshold på 10 dage. De to arbejdshold tænkes nu at starte samtidig i hver sin ende af vejstykket. Efter hvor mange dage mødes de to arbejdshold, og hvor mange km af vejstrækningen har de hver især asfalteret?

Besvar spørgsmålene, dels ved en selvvalgt metode, og dels ved anvendelse af regula de duo og regula de tri.

Opgave 1H17

Noter 14,37629 og 27,54483, som Stevin kunne tænkes at ville have gjort det, og adder efterfølgende de to tal i "Stevin-notation" [jf. Figur 66 i Afsnit 62].

Bog 1 Elementer fra tallenes og algebraens historie   H EUROPÆERNE

Opgave 1H18
Noter 83 timer 14 minutter og 58 sekunder samt 46 timer 48 minutter og 26 sekunder som sexagesimalbrøker på Stevin'sk facon [altså med specielle symboler til at angive pladsnummeret], og dels med Neugebauers notation. Adder dernæst tallene i begge notationer, og overvej, at der ikke er den store forskel [blot er Neugebauers notation mere kortfattet, akkurat som vor decimalbrøknotation er mere kortfattet end Stevins].

Opgave 1H19
Med passende definitioner kan det bevises, at der for ethvert positivt (reelt) tal a findes netop ét (reelt) tal x, sådan at $a = 10^x$ [dette tal x kaldes *titalslogaritmen* af a og betegnes $\log(a)$], samt at det for alle (reelle) tal x og y gælder, at

(1) $10^x \cdot 10^y = 10^{x+y}$.

For et positivt tal a kan $x = \log(a)$ aflæses i en logaritmetabel, og ved "omvendt" brug af tabellen [eller ved brug af en antilogaritmetabel] kan et positivt tal a aflæses ud fra sin logaritme x [$a = 10^x = \operatorname{antilog}(x)$].

Forklar på den baggrund, hvordan produktet af to positive tal a og b kan bestemmes ved i en logaritmetabel at aflæse $x = \log(a)$ og $y = \log(b)$, addere x og y, og sluttelig aflæse $a \cdot b$ som $\operatorname{antilog}(x + y)$.

Opgave 1H20
Redegør på baggrund af det i Opgave 1H19 oplyste, at det for to vilkårlige (reelle) tal x og y gælder, at

(2) $\dfrac{10^x}{10^y} = 10^{x-y}$.

Forklar derefter, hvordan kvotienten b/a for to positive tal a og b kan bestemmes ved hjælp af (2) og en logaritmetabel [og eventuelt en antilogaritmetabel].

Opgave 1H21
I fortsættelse af oplysningerne i Opgave 1H19 kan $(10^x)^y$ defineres for alle (reelle) tal x og y, og det kan bevises, at

(3) $(10^x)^y = 10^{xy}$.

Da et vilkårligt positivt tal a kan fremstilles som 10^x [hvor $x = \log(a)$], gælder følgelig for et vilkårligt (reelt) tal y, at

(4) $a^y = (10^x)^y = 10^{xy}$.

Forklar på den baggrund, hvordan en potensopløftning kan gennemføres ved en multiplikation i forbindelse med en logaritmetabel [og eventuelt en antilogaritmetabel].

Opgave 1H22

For et positivt tal a er $\sqrt[n]{a}$ [den n^{te} rod af a] det positive tal, som opløftet til n^{te} potens er a [se eventuelt Bog 3, Afsnittene 53 og 54]. Det gælder derfor ifølge (4) i Opgave 1H21, at [med $\sqrt[n]{a}$ i stedet for a (og altså $x = \log(\sqrt[n]{a})$) samt et naturligt tal n i stedet for y]

$$a = \left(\sqrt[n]{a}\right)^n = \left(10^x\right)^n = 10^{xn} = 10^{nx},$$

og dermed at

$$\log(a) = nx = n \cdot \log\left(\sqrt[n]{a}\right),$$

hvoraf det følger, at

$$\log\left(\sqrt[n]{a}\right) = \frac{1}{n} \cdot \log(a),$$

og altså at

(5) $\sqrt[n]{a} = 10^{\frac{1}{n} \cdot \log(a)} = \operatorname{antilog}\left(\frac{\log(a)}{n}\right).$

Forklar på den baggrund, hvordan uddragning af n^{te} rod kan gennemføres ved en division i forbindelse med en logaritmetabel [og eventuelt en antilogaritmetabel].

Opgave 1H23

Som omtalt i Opgave 1E12 benyttedes regula duorum falsorum [reglen om dobbelt falsk position] helt ind i 1600-tallets Europa, efterhånden dog udelukkende til bestemmelse af en tilnærmet værdi for en løsning til en ikke-lineær ligning. I denne form kan metoden, der nu kaldes *sekantmetoden*, beskrives sådan:

Lad x_1 og x_2 være to tal, som ligger på hver sin side af en løsning til en ligning $f(x) = 0$, sådan at fortegnene for $f(x_1)$ og $f(x_2)$ er modsatte. En tilnærmelsesværdi x_0 for en løsning r til $f(x) = 0$ er da bestemt ved

(6) $$x_0 = \frac{x_1 \cdot f(x_2) - x_2 \cdot f(x_1)}{f(x_2) - f(x_1)}$$

[som afrundes til et passende antal decimaler]. Hvis $f(x_0) \neq 0$ [for det ved (6) fundne x_0], kan processen gentages på det af parrene x_1, x_0, og x_0, x_2, for hvilket funktionsværdierne har modsatte fortegn; osv.

Kontroller, at for $f(x) = x^3 - 36x + 72$ gælder, at $f(2)$ og $f(3)$ har modsatte fortegn. Bestem dernæst en tilnærmet værdi for en løsning til $f(x) = 0$ ved at benytte (6) to gange. [Af Opgave 2G11 fremgår, at sekantmetodens tilnærmelsesværdi x_0 er x-koordinaten for skæringspunktet mellem x-aksen og linjen gennem punkterne $(x_1, f(x_1))$ og $(x_2, f(x_2))$; bemærk, at $f(x_1)$ og $f(x_2)$ her ikke behøver at have modsatte fortegn (blot kræves det, at linjen ikke er vandret, altså at $f(x_1) \neq f(x_2)$).]

Opgave 1H24
Bestem en tilnærmet løsning til ligningen $[f(x) =] x^3 + 4x^2 + 5x - 13 = 0$ ved at benytte sekantmetoden to gange.

Opgave 1H25
Idet a og b er positive tal (parametre), ønskes på baggrund af Cardanos recept i Afsnit 63, Eksempel 22 angivet en formel til bestemmelse af en løsning til tredjegradsligningen $x^3 + ax = b$. Kontroller, at din formel anvendt på Cardanos tal [6 for a og 20 for b] giver den løsning, som er nævnt sidst i Eksempel 22.

Opgave 1H26
Du skal her forsøge at bestemme to tal x og y, hvis sum er 6, og hvis produkt er 10. Se tilbage på Afsnit 46, Eksempel 8, og konstater, at den af Diophant i begyndelsen af eksemplet fremførte nødvendige betingelse ikke er opfyldt.

Benyt derefter formlen til bestemmelse af rødderne i en andengradsligning [se eventuelt Bog 2, Afsnit 19, Sætning 5] – uden at tage hensyn til, at denne involverer kvadratroden af et negativt tal. Kontroller dernæst ved "meningsløse" regninger som i Afsnit 63, Eksempel 22, at summen og produktet af de to fundne "tal" opfylder de stillede betingelser.

Opgave 1H27

Bestem to tal, så 3 gange det ene plus 2 gange det andet er et givet tal a, og så 2 gange det ene plus 3 gange det andet er et givet tal b.

Besvar opgaven ved omhyggeligt at anvende Pappos metode med først analyse og så syntese.

Opgave 1H28

Vi vil her på ny betragte Diophant-opgaven fra Afsnit 46, Eksempel 8:

Find to tal, så deres sum og produkt udgør to givne tal.

Besvar opgaven [med mine betegnelser fra Afsnit 46] ved omhyggeligt at anvende Pappos' metode med først analyse og så syntese; i forbindelse med analysen skal nævnes eventuelle betingelser, som s og p nødvendigvis må opfylde for at opgaven kan have (reelle tal som) løsninger – og i forbindelse med syntesen gøres rede for, om de fundne nødvendige betingelser også er tilstrækkelige.

Litteraturliste

[1] Kirsti Andersen m.fl.: *Kilder og kommentarer til ligningernes historie*,
Forlaget Trip, 1986

[2] Erling Bjøl (red.): *Verdens historie*,
Det ny Lademann A/S, København, 1990

[3] Gunnar Bomann: *Matematik* (Gads Fagleksikon)
G · E · C · Gads Forlag, 1979

[4] Carl B. Boyer: *A History of Mathematics*,
John Wiley & Sons, New York, 1968

[5] Viggo Brun: *Alt er tall*,
Universitetsforlaget, Oslo, 1964

[6] Florian Cajori: *A History of Mathematics*,
The MacMillan Company, 1919

[7] Flemming Clausen m.fl.: *Tal & Tanke*,
Munksgaard, 1986

[8] Flemming Clausen m.fl.: *Tal og geometri*,
Munksgaard, 1988

[9] Roy Dubisch: *The Nature of Number*,
The Ronald Press Company, 1952

[10] Howard Eves: *An Introduction to the History of Mathematics*,
Saunders College Publishing, 1983

[11] Graham Flegg: *Numbers Through The Ages*,
MacMillan Education LTD; The Open University, 1989

[12] Jesper Frandsen: *De(t) gyldne snit i kunst, natur og matematik*,
Århus Systime, 1999

[13] Hartvig Frisch: *Europas Kulturhistorie*,
Politikens Forlag, 1961-1962

[14] Helmuth Gericke (oversat af Kirsti Andersen): *Talbegrebets Historie*,
Matematiklærerforeningen og Institut for de Eksakte Videnskabers Historie, Aarhus Universitet 1994

[15] Morris Kline: *Mathematical Thought from Ancient to Modern Times*,
Oxford, 1972

[16] John McLeish: *Number*,
Bloomsbury Publishing Limited, 1991

[17] Mogens Niss: *Matematikkens udvikling op til Renæssancen*,
Tekst nr. 115, Roskilde Universitetscenter, 1985

[18] Lubos Novy: *Origins of Modern Algebra*,
Noordhoff International Publishing, Leyden, The Netherlands, 1973

[19] Jan Thompson: *Historiens matematik*,
Lund Studenterlitteratur, 1999

Symbolliste

   25, 26

   30

   41

||| ⊥ T   77

⌐△   92

$\alpha, \beta, \gamma, \delta, \ldots$ 93

$+\ -\ =$ 149

$\log(a)$ 158

$x\ x^2\ x^3\ \ldots$ 169

$\text{antilog}(x)$ 177

a^y 177

$\sqrt[n]{a}$ 178

Stikordsregister

abakist; **142**-144
abakus; 143
Abbas; 122
Abbasid-dynastiet; 122
absolut tal (to betydninger); 69; 134
abstrakt algebra; *algebra
Achilleus og skildpadden; 104
addend, addere, addition; 27, 44, 65, 80, 84, 93, 106, 126, 133
Ahmes; 26
akousmatikoi; 94
aksiom, aksiomatisk; 8
al-jabr; 126, **128**
al-Karkhi; 133
al-Khwarizmi; **125**-134 143, 149, 166
Al-kitab al-mukhtasar fi hisab al-jabr wal-muqabala; 128
al-Mamun; 123
al-Mansur; 122, 123
al-Rashid, Harun; 123
Alexander den Store; 22, 25, 42, 59, 98
algebra; 125, 128, 133, **171**-172
　abstrakt/moderne; 8, 172
　aritmetisk; 171
　geometrisk; 106
　lineær; 80
　retorisk; 7, 8, **55**, 106, 146, 166
　symbolsk; 7, 8, **112**, 157, **160**-167, 169-171
　synkoperet; 109, 166
algebraens væsen; 7-9, **112**
algorist; **142**-144
algoritme; **125**
　divisionsalgoritme; 47, 86, 151-154
　Euklids algeritme; 84

Algoritmi de numero indorum; 125
Almagest; 123, 141
analyse; **163**-165
analyse-syntese-metode; 163
analytisk geometri; 170
andengradsligning; *ligning
Anselm af Canterbury; 142
Apollonius fra Perga; 94
arabertal; *tal
Archimedes fra Syrakus; 60, 94
areal; 37, 50, 55, 107
Aristoteles fra Stageiros; 96-**98**, 105, 123, 140, 142
Arithmetica; 108, 110, 143, 162
Arithmetica integra; 149
arithmetica, De institutione; 141
arithmeticae, Disquisitiones; 172
aritmetik; 19, 95, 105, 125, 140, 148, 155, 162
　stavaritmetik; **76**-79
arithmos; 19, **95**, **105**, 109, 110
Ars magna; **158**-161, 168
Aryabhata; 62, 63, 67, 68, 70
Ashoka; 59, 60
astronomi; 20, 61, 140, 156
attisk talnotationssystem; *talnotation
Augustin; 140

Bang, Liu; 76
Benedict fra Nursia; 140
benævnt tal; *tal
beregne; *regne
betingelse
　nødvendig; 111, 112 **163**, 164
　tilstrækkelig; 112, **163**, 165
bevis; 6, 51, 79, 101, 103, 106, 108, 130, 150, 162, 163, 164, **166**, 171,

172
Bhaskara (I); 63
Bhaskara (II); 66
Bibelen; 4, 105, 108, 140
blandet tal; *tal
Boethius; 140, 141
Bog om regning; 143
Bogen om addition og subtraktion ved indiske beregningsmetoder; 125, 143
Brahmagupta; 69-71, 123, 125, 154
brahmi-tal; *tal
Brhat-ksetra-samasa; 64
Briggs, Henry; 157, 158
brøk, brøktal; 19, 34, 64, 70, 71, **83**-84, 95, 97, 99, 107, 109, 128, 129, 144, 147, 169, 176
  decimalbrøk; *decimalbrøk
  forkortning af brøk; 83
  sexagesimalbrøk; *talnotation
  stambrøk; **30**-33, 128
Buddha; 92
Bürgi, Jost; 157

Capella; 141
Cardano, Girolamo; **158**-161, 166, 168
Cayley-tal; *tal
Chui-chang suan-shu; 79
ciffer, ciffersystem; *talnotation
cirkel; 37, 83, 149, 163, 166
cirklens kvadratur; 149
Coss, Die; 149
cossist; 149

De arithmeticis propositionibus; 168
De institutione arithmetica; 141
De institutione musica; 141
De numeris datis; 147

De Thiende; 156, 157
De revolutionibus orbium coelestium; 141
decimalbrøk; **83**-84, 144, 156, 157
decimalsystem; *talnotation
del; *divisor
demotisk skrift; 27
Den store kunst; 159
Descartes, René; 162, 163, 164-166-**167**-168
dialektik; 140
Die Coss; 149
differensrække; 58
Diophant fra Alexandria; 70, 94, **108**-113, 130, 133, 143, 162, 164, 166
Discours de la méthode; 162, 170
Disquisitiones Arithmeticae; 172
distributiv lov/regel; 93
dividend; **69**, 127, 153
dividere, division; 19, 27-35, 44, 46, 47, **69**-71, 83-86, 125, 127, **150**-154, 169
  galejmetoden; *metode
  Gerberts metode; *metode
  jerndivision; 151
  med rest; 84, 85, 127, 150-154
divisor; **69**, 106, 127, 151, 153, 154
  primtalsdivisor; 46, 55
  største fælles divisor; 83
  ægte divisor; 96
Djengis Khan; 76
dobbelt falsk position; 88

eksperimentere, eksperimenteren; 6
eksponentialtabel; 45, 48, 158
Elementerne; *Euklids *Elementer*
empirisk videnskab; *videnskab
En beskrivelse af den vidunderlige lov for logaritmer; 157

ener/enhed/monade; 96, 97, **105**
erfaringsvidenskab; *videnskab
Eudoxos fra Knidos; 96, 103
Eudoxos' proportionslære; 103
Euklid fra Alexandria; 9, 79, 96, **105**-108, 123, 130, 133, 141, 162, 163
Euklids algoritme; *algoritme
Euklids *Elementer*; 79, 96, **105**-108, 123, 141, 162, 163
exhaustionsprincippet; 103

Faktor; **28**, 34, 47, 69
Ferrari, Ludovico; 161
Ferro, Scipione del; 150
Fibonacci; 143, **144**-149, 158, 159, 163
Fibonacci-tal, -talfølge; 147, 174
figurtal; 95
fingertælling; 17
fjerdegradsligning; *ligning
fjerdeproportional; 154
fordobling, fordoblingsoperation; 19, 27, 32
  terningens; 149
forkortning af brøk; *brøk
formel; 33, 51, 68, 112, 160, 165, **166**
fremgangsmåde; 46, 51, 68, 83, 85, 112, 126, 150, 161, 163, **166**
frie kunster; 140
Frisch, Hartvig; 140
fuldkomment tal; 96
fællesnævner; 34, 70
førstegradsligning; *ligning

galejmetode; *division
Galilei, Galileo; 105
Gani, Jinabhadra; 64
Gauss, Carl Friedrich; 172

geometri; 7, 14, **36**, 37, 58, 99, 100, 103-111, 133, 140, 149, **160**, 162, 164, 166 167, 169, **170**, 171
geometri, analytisk; 170
geometrisk algebra; 106
Gerbert fra Aurillac; 141, 142
Gerberts metode; *division
gittermetode; 67, 127
grammatik; 140
grundtal; *talnotation
grundtal for logaritmer; 157, 158
gruppe; 8
græsk multiplikation; 93
Gupta-dynastiet; 60
gyldent rektangel; 102
gyldent forhold/snit; 101, 102
gyldne regel; 154

Hammurabi; 41, 42, 45, 47, 53
Han Yan; 83
Han-dynastiet; 76
harmoni; 98, 99
harmonik; 140
Harriot, Thomas; 169
Harun al-Rashid; 97
helt tal; *tal
herodiansk talnotationssystem; *talnotation
hieratisk skrift; 21, 27
hieroglyf; *talnotation
hieroglyfciffer; *talnotation
hindutal; *talnotation
Hippasos fra Kroton; 96, 103
hjælpegrundtal; *talnotation
hjælpetal; *tal
Hoecke, van der; 149
Horner, William G.; 85
Horners metode; *metode
Horus Aha; 24
Horus Narmer; 24

Huangli, Shi; 75
Hui, Liu; **79**, 81-83
Hyksos-tid; 24
hypotenuse; 54, 96

ideelt tal; *tal
idéogram; 21
imaginært tal; *tal
In artem analyticam isagoge; 162, 165
indbildt tal; *tal
indisk tal/ciffer; *talnotation
infinitesimalregning; 157
inkommensurable størrelser/tal; *tal
inversion; 68, 69
irrationalt tal; *tal

jerndivision; 151
John fra Sevilla; 125
jonisk talnotation; *talnotation
Jordanus fra Nemore; **147**-148
Justinian, kejser; 97, 122, **140**

kalender; 20, 36, 37, 41
Kambyses; 25
katete; 54, 96
Keops; 24
Khan, Djengis; 76
Khayyam, Omar; 134
Khefren; 24
kileskrift; *talnotation
kinesisk restsætning; **84**-85
koefficient; 70, **81**, 85, 129, 130
kommensurable størrelser/tal; *tal
komplekst tal; *tal
komplettering; 32, **34**-36
komplettering, kvadrat-; 70
kongruens; 172
konstruere, konstruktion; **8**, 103, 149, 150, **163**

koordinatsystem; 170
Kopernikus, Nikolaj; 141
kubikrodstabel; *tabel
kubiktabel; *tabel
Kubilai; 76
Kung-fu-tse; 75, 92
kvadratkomplettering; 70
kvadratrod; **48**, 49, **67**-69, 125, 179
kvadratrodstabel; *tabel
kvadrattabel; *tabel
kvadrattal; 54, 95, 113
kvaternion; 8
Kyros; 42

Leonardo fra Pisa; 143, 147
Liber abaci; 143-**144**-147
Liber algorismi de practica aritmetice; 125
lige tal; *tal
ligning
   andengradsligning; 51, **52**, 71, 85, 108, 128, 129-**130**-133
   fjerdegradsligning; 51, 161
   førstegradsligning; 51, 130
   tredjegradsligning; 48, 51, 85, 149, **150**, **158**, 161
ligningsløsning; 133
ligningssystem, lineært; 80
Lilavati; 68
lineær algebra; 80
Liu Bang; 76
Liu Hui; **79**, 81-83
logaritme; 156-**157**-158
logaritmetabel; *tabel
logik, logisk; **5**, 92, **98**, 105, 140, 142, 168, 171
logistik; **95**, 97, 108
Luther; 16
Læderrulle, Matematiske; 26

længde; 19, 41, 49-51, 55, 83, 99-103, 107, 131-133, 135, 146, 153
Lærebog om beregning ved genopretning og reduktion; 129

magisk kvadrat; 82
matematik; **5**-9, **14**-16, 21, 22, 36, 37, 41, 42, **47**, 55, 59, 70, **79-80**, 85, **91**-92, 94-113, 123, 125, 130-134, **140**, 141, **144**-150, 156-**158**-175
matematikundervisning; 5-9
mathema; 5
mathematikoi; 95
Matematiske Læderrulle; 26
mellemproportional; 102
Metafysik; 96
metode/algoritme/fremgangmåde/recept; 112, 125, 126
metode; 23, 32, 33, 35, 36, 48, 49, 55, 59, 62, 68, 69, 80, 108, **112**, 128, 133, 149, 162, 166, **170**
  *algoritme
  analyse-syntese-metode; 163
  *division med rest
  divisionsmetode; 46, 150
  dobbelt falsk position; 88
  galejmetode; 152
  Gerberts divisionsmetode; 150, 151
  gittermetode; 67, 127
  Horners metode; 85
  indisk metode; **69**-71, 76, 125, 126, 143
  inversionsmetode; 68, 69
  multiplikationsmetode; 65
  Newton-Raphsons metode; 48
  Pappos' metode; 163-165
  regula falsi; 36, 66
  russiske bondemetode; 27

ægyptiske metode; 27, 28
Metoden (af Descartes); 162, 170
midtnormal; 163, 164
mindste fælles multiplum; 49
Ming-dynastiet; 76
minuend; 69
Mirifici logarithmorum canonis descriptio; 155, 158
monade; 96, **105**, 109
Muhamed; 122, 123
multiplicere, multiplikation; 19, 27, **28**, 34, 45, 65, 66, 69-71, 84, 94, 108, 125, 127, 128, 142, 150, 158, 169
  græsk multiplikation; 93
  ægyptisk multiplikation; 93
multiplikand; **28**, 66
multiplikations-/gangetabel; 45, 47
multiplikator; **28**, 66
Mykerinos; 24
måle, måleenhed, målestok, måling; 19, 20, 96, 97, 99-102, 106

Napier/Neper, John; 157, 158, 168
naturfilosof; 91
naturligt tal; *tal
Nebudkanezar; 42
negativt tal; *tal
Neugebauer, Otto; 22, 45, 46, 53
Newton-Raphsons metode; 48
Ni kapitler om den matematiske kunst; **79-80**, 83, 84
Nikomakos fra Gerasa; 96, 141
nul; 26, 43, 60, **62**, **64**, 65, 68, 70, 77, 78, 94, 124
nyplatonisme; 123, 140
nævner; 30, 34, 64, 70, 71, 83, 84, **109**, 155, 169
nødvendig betingelse; *betingelse

Om aritmetikkens principper; 141
Om aritmetiske sætninger; 168
Om givne tal; **147**-148
Omar Khayyam; 134
omskrive, omskrivning; **8**, 52, 68 111, **112**, **160**
omvendt brøk; 84
omvendt operation; 68
omvendt tabelbrug; 45, 48
omvendte Pythagoras' sætning; 54
overvægtigt tal; *tal

Pacioli, Luca; 148-150, 154
Pappos fra Alexandria; 162-164
Pappos' metode; 163-165
Papyrus Moskva; 26
Papyrus Rhind; 26, 30, 32, 35, 36
paradoks; *Zenons paradokser
parameter; 112, 145, 164, 165-**166**-167
Pascal, Blaise; 85, 168
Pascals trekant; 85
Peacock, George; 171, 172
perfekt tal; *tal
permanensprincip; 172
Philolaos; 96
pi (π); 37
piktogram; 20
pladsværdisystem; 25, 61, 64
Platon fra Athen; 97, **98**, 105, 120, 123, 140, 141
Plimpton; **53**-55
positionssystem; *talnotation
potens; 15, 42, 43, 60, 62, 78, 83, 99, 143, 149, 151, 158, 169
potenstabel; *tabel
primtal; *tal
primtalsdivisor; 46, 55
principal rest; 84, 127
produkt; 28, 37, 55, 70, 84, 95, 99,
108, 110-112, 133
proportionslære, Eudoxos'; 103
Ptolemaios fra Alexandria; 61, 64, 123, 141
Ptolemaios, kong; 9, 108
pyramidestub; 37
Pythagoras fra Samos; 14, 49, 91, 92, 94, 98, **103**, 108, 141
Pythagoras-bue; 54
Pythagoras' sætning; 37, 49, 99, **103**
pythagoræer; **94**-100, 103-105, 163
pythagoræisk tripel; 54, 96, 113

quadrivium; **140**-142

Rahn, Johann Heinrich; 169
Raphson, Newton-Raphsons metode; 48
rationalt tal; *tal
recept; *metode/algoritme/…
reciprokt tal; *tal
reciproktabel; *tabel
Recorde, Robert; 149
reelt tal; *tal
referencetal; *tal
regel, den gyldne; 154
regne, regning; 19, **27**-30, 33-37, 42-**43**-50, **65**-69, 70, 78-80, 83-85, 93, **126**-128, 141-156
regnebræt; **62**-65, 77, 79, 83, 93, **141**-144, 152
regneregel; **70**, 80, 112, 134 **160**, 164-167, 171, 172
regnestav; *stavaritmetik
regnetegn; 149, 159, 169
regula de duo; **154**-156
regula de tri; **154**-156
regula duorum falsorum; 178
regula falsi; **36**, 68, 147

regulær
  5-stjerne; 100
  femkant; 100-102
rektangel, gyldent; 102
rektangulært tal; 95, 96
rent tal/ubenævnt tal; *tal
retorik; 55, 140
retorisk algebra; *algebra
retvinklet trekant; 54, 82, 96, 113
ring; 8
rod, kubik-; 45, 48
rod, kvadrat-; 45, **48**, **67**, 68,
  149, 158, 159
rod hos al-Khwarizmi; 129-132
rod i ligning; 149, 150
rodtegn; 149
romertal; *talnotation
Rudolff, Christoff; 149
rumfang; 19, 37, 55, 150
russiske bondemetode; 27

sammensat tal; 106
Sandregneren; 60, 94
sandsynlighedsregning; 161
sandt tal; *tal
sandtal; *tal
Sargon; 41
sekantmetode; 178
sexagesimal, sexagesimalbrøk,
  sexagesimalsystem; *talnotation
sfærernes harmoni; 99
Shang-dynastiet; 75
Shi Huangli; 75
Siddhanta-litteratur; 60, 64, 123,
  124
skolastik; 140, 142
Sokrates; 98
Solon; 91
Song-tiden; 76
soroban; 78, 79

stambrøk; *brøk
Staten; 97
stavaritmetik, stavtal; **76-79**
Stevin, Simon; 156-157
Stifel, Michael; 149, 168
største fælles divisor; 83
støvtal; 124
suan pan; 78, 79
subtrahend, subtrahere, subtraktion;
  18, 19, 27, 44, 50, **69**, 70, 80, 81,
  83, 85, 111, 125-128, 131, 133,
  143, 149, 158, 168, 169
Sui-dynastiet; 76
Summa de arithmetica; 148-150
Sun Tzu; 84
Surya-Siddhanta; 64
Sylvester II; 141
symbolsk algebra; *algebra
Synagoge; 162, 163
synkoperet algebra; *algebra
syntese; **163**-165

tabel; 26, 32, 35, 42, 45-49, 54, 61,
  64, 93, 142, 156-158
  kubiktabel; 48
  kubikrodstabel; 45, 48
  kvadrattabel; 48
  kvadratrodstabel; 45, 48
  logaritmetabel; 45, 48, **157**
  potenstabel; 45
  reciproktabel; 45-47, 49
tal
  absolut tal (to betydninger); 69,
    134
  arabertal; 22, 141
  benævnt tal; 14, **97**, 98, 105
  blandet tal; 64, 128, **154**
  brahmi-tal; 59, 60, 64
  Cayley-tal; 8
  figurtal; 95, 97

fuldkommert tal; 96
grundtal; *talnotation
helt tal; **8**, 34, 83, 127, 156
hindutal; *talnotation
hjælpegrundtal; *talnotation
hjælpetal; **33**-35
ideelt tal; 134
imaginært tal; **160**, 161, 167, 168, **171**
indbildt tal; 160, 168
inkommensurable størrelser/tal; **100**, 102-**103**-104, 133, 134
indisk tal/ciffer; *talnotation
irrationalt tal; 69, 70, **100**, 102, 130, 134, 167, **168**, **171**, 172
kommensurable størrelser/tal; **100**, 103, 134
komplekst tal; 8
kvadrattal; 94, 95, 113
lige tal; 32, **95**, 99, 106
naturligt tal; **8**, 15, 17, 60, 84, 92, **95**, **96**, 99-102, 109, 134, 171
negativt tal; **60**, **70**, 79, 80, 85, **167**-169, 171
overvægtigt tal; 119
perfekt tal; 96
primtal; 46, 49, 55, **106**
reelt tal; 8, 103
reciprokt tal; 46, 55
referencetal; **15**, 17, 18
rektangulært tal; 95, 96
rent tal; 83, 97
romertal; 143, 148
sandt tal; 134
sandtal, 124, 141
stavtal; 77, 78
støvtal; 124
trekanttal; 95, 96
ubenævnt tal; 83, 97
ulige tal; 32, 95, 99, 106

undervægtigt tal; 119
venskabelige tal; 96
talbegreb; 18, 167-169
talnotation, talnotationssystem
  attisk; 92
  ciffer, ciffersystem; 22, **60-65**, 68, 78, 144
  grundtal; 28, 42, 49, **60**, 61, 78, 92
  hieroglyf; 21, **25**, 27, 32
  hieroglyfciffer; 78
  herodiansk; 92
  hindutal; 22
  hjælpegrundtal, 42
  indisk tal/ciffer; **22**, **60**-64, 123, 124, **141**-144
  jonisk; **92**-94
  kileskrift; 20, **42**-45
  kinesisk; 65, 66
  positionssystem; 22, 25, **42**-44, 60-**65**, 77, 93, **125**
  romertal; 143, 148
  sexagesimalsystem; **42**-50, 55, 61, 94, 123, 156
  titalsystem; 18, **22**, 26, **64**-65
Tang-dynastiet; 76
Tartaglia, Nicolo; 161
terningens fordobling; 149
Thales fra Miletos; 14, **91**, 92
The Whetstone of Witt; 149
Thomas fra Aquino; 142
Thuthmosis 3.; 25
Tiendedelen; 156
tilnærmelsesværdi; 37, 44-46, 65, 178
tilstrækkelig betingelse; *betingelse
Timaios; 141
titalsystem; *talnotation
Treatise of Algebra; 171
tredjegradsligning; *ligning

191

trekanttal; 95, 96
Treviso-aritmetikken; 148, 155
trivium; 140, 142
Tsing-dynastiet; 76
Tzu, Sun; 84
tælle, tælling; 16-18, 20, 96, 99, **109**, 129
tæller; 30, 64, 70, 71, 83, 84, **109**, 153

ubekendt; 36, 55, 69, 70, 109-**110**-111, 130, 146-149, 165, **166**
ubenævnt tal; *tal
uendelig; 46, 60, 99, 101, **104**, 110, 145, 169
ulige tal; 95, 99, **106**
undervægtigt tal; *tal

variabel; 6, 109, **110**, 112
Veda-tekster; 59, 60
venskabelige tal; 96
videnskab; **5**, 24, 25, 41, 59, 78, **91-92**, 95, 103, 104, 122, 123, 140, 156, 162, 163, 166
  empirisk/erfarings-; 91
Viète, François; 156, 162, 164-**165**-166, 169, 170, 171
vinkeltredeling; 149
Vlacq, Adrian; 157

Wallis, John; 169
Whetstone of Witte, The; 149
Widman, Johannes; 149
Yan, Han; 83

Zenon fra Elea; 104
Zenons paradokser; 104
Zhou-dynastiet; 75

ægyptisk multiplikation; 93

Åndens hvæssesten; 149

www.ingramcontent.com/pod-product-compliance
Lightning Source LLC
Chambersburg PA
CBHW082203220526
45470CB00010B/3032